基于遥感的森林火灾火烧迹地及其植被恢复监测

——以黑龙江流域为例

杨　伟　著

黄河水利出版社

·郑　州·

内 容 提 要

本书主要介绍了利用高时间分辨率遥感数据对森林火灾产生的火烧迹地进行自动提取，并对其植被恢复过程进行监测。以黑龙江流域为例对火烧迹地提取算法进行了具体介绍，算法综合考虑了火灾发生时的热学异常特征以及火灾发生前后植被变化特征，提高了提取精度。从植被物候特征、植被指数、植被净初级生产力对不同植被类型下的火烧迹地植被恢复过程进行分析。选取典型火灾对不同火烈度下的植被恢复过程进行监测。

本书可作为火灾火烧迹地提取遥感反演方面相关研究者的学习用书，也可以作为基于遥感的植被恢复监测研究者的参考用书。

图书在版编目(CIP)数据

基于遥感的森林火灾火烧迹地及其植被恢复监测：
以黑龙江流域为例/杨伟著 . —郑州：黄河水利出版社，
2017.6

ISBN 978 – 7 – 5509 – 1777 – 4

Ⅰ.①基…　Ⅱ.①杨…　Ⅲ.①黑龙江流域 – 遥感
技术 – 应用 – 森林火 – 火灾监测　Ⅳ.①S762 – 39

中国版本图书馆 CIP 数据核字(2017)第 147299 号

出 版 社：黄河水利出版社
　　　　地址：河南省郑州市顺河路黄委会综合楼 14 层　　邮政编码：450003
发行单位：黄河水利出版社
　　　　发行部电话：0371 – 66026940、66020550、66028024、66022620(传真)
　　　　E-mail：hhslcbs@126.com
承印单位：河南省瑞光印务股份有限公司
开本：787 mm×1 092 mm　1/16
印张：7.75
字数：144 千字　　　　　　　　　印数：1—1 000
版次：2017 年 6 月第 1 版　　　　印次：2017 年 6 月第 1 次印刷

定价：32.00 元

前　言

　　火灾是影响众多生态系统(森林、草地等)的重要扰动因素之一,同时也对大气环境、植被以及全球气候变化产生深远的影响。全球每年发生火灾面积达3.3亿~4.3亿 hm²,由此而产生的碳排放可达2~4 Pg,超过每年化石燃料燃烧排放量的50%。火灾的发生会导致生态系统发生巨大改变,引起地表反照率、温度以及湿度等方面的变化,从而改变植被结构和功能,干扰生物群落的自然演替过程。就森林生态系统而言,火灾是森林生态系统最为重要的干扰因素之一,全球平均每年约有1%的森林受到火灾的影响。森林生态系统是全球碳循环的重要组成部分,火灾的发生通过改变森林生态系统的过程与格局,进而改变整个生态系统的碳循环以及分配过程。此外,森林火灾对于气候变暖也有着显著的响应。研究表明,北方森林的火灾发生范围对于温度的增加非常敏感,受气候变化的影响较为显著。

　　不论是对于碳循环的影响研究,还是对森林火灾与气候变暖的相关性研究,火烧迹地信息都是一个重要的基础数据。火烧迹地能够提供火灾发生后的诸多信息,包括火灾发生的时间、频度、位置、面积以及空间范围等,这些信息对于林业管理、植被恢复、碳排放估算等至关重要。传统的火灾数据主要为统计资料,收集困难又费时费力,且难以将数据进行空间化。尤其是对于某些不具有交通可达性的特殊区域,统计资料的搜集难以实现。遥感技术的发展为解决这一问题提供了很好的手段,特别是随着遥感数据时空分辨率的提高,使得遥感数据能够更为准确地对地表过程进行刻画,成为火烧迹地信息提取的重要方式。

　　黑龙江流域地处欧亚大陆温带草原东缘及北方森林南缘的过渡地带,同时地跨中、蒙、俄三国,极高的植被覆盖度及其固有的气候条件,使其成为受森林火灾影响较为严重的一个区域。特别是俄罗斯境内地区,火烧迹地的植被恢复过程基本上均为自然恢复过程,从而使其成为森林火灾及植被恢复研究的典型区域。因此,本书选择黑龙江流域作为研究区,对其2000~2011年的火烧迹地进行了提取,并从定性及定量的角度对其植被恢复过程进行了分析。

　　本书以遥感数据为基础,首先提出了基于MODIS时序数据的火烧迹地提取算法,对黑龙江流域2000~2011年的火烧迹地信息进行了提取。以此为基础,并以遥感物候参量为分析指标,对火烧迹地的植被恢复进行了定性分析。随后,以植被指数以及净初级生产力为手段,采用与邻近区域相比较的方法,对火烧迹地的植被恢复过程进行了定量分析。最后,以 TM/ETM 数据为基础数据,对不同火烈度下的植被恢复过程进行了监测。

本书内容包含作者在中国科学院东北地理与农业生态研究所攻读博士学位期间以及在太原师范学院工作期间的部分研究成果,感谢一直以来予以我指导、鼓励和帮助的师长和友人们,本书也凝聚了他们的心血。

由于本人水平和精力所限,书中不足之处在所难免,恳请读者不吝指教。

作 者
2017 年 4 月

目　录

第一章 绪 论

第一节 研究背景

森林火灾是指失去人为控制,对森林、森林生态系统以及人类带来一定危害和损失的林火行为,是一种突发性强、破坏性大、处置救助较为困难的自然灾害。森林火灾的发生,使森林生态系统在短时间内释放出大量能量,不仅直接造成了生物的大量死亡,而且还能引起林内诸多生态因子的改变,从而使原来森林的物种组成、结构与功能发生改变,对原有生态系统造成影响。在过去的几十年中,由于土地利用变化(Rego,1992;Garcia-Ruiz et al.,1996)以及气候变暖(Pinol et al.,1998;EPA,2001)等原因,森林火灾的发生次数以及火烧面积都有了显著的增加,从而使得森林火灾成为全球碳循环研究的重要影响因素(吕爱锋等,2005)。

一、森林火灾对环境的影响

森林火灾的发生将对众多的环境因素产生影响,包括植被、土壤、水分等。

(1)森林火灾对于植被的影响最为直接也最为显著,其原因在于植被对于火烧的敏感性。火烧将导致植被覆盖度的下降、生物量的损失、植被群落组成的变化以及地表景观形态的变化(Perez-Cabello et al.,2009)。受火灾干扰的成熟林地自然恢复到干扰前的状态是一个非常缓慢的过程(Kozlowski,2002)。其自然更新过程可以分为四个时期:①林分再生的开始时期;②枝干扩展时期;③下层林木再生过程;④稳定时期(Oliver et al.,1996;Kozlowski,2002)。

(2)森林火灾对于土壤的影响主要表现在火烧所导致的土壤物理(土壤含水率、土壤温度、土壤结构等)、化学(pH值、土壤有机质、土壤养分等)以及生物特性的变化。此外,森林火灾还将导致火烧迹地土壤侵蚀风险的增加(Pausas et al.,1999)。另一方面,在冷湿生态条件下,由于温度较低,不利于土壤微生物的活动,很多的有机质不能被分解利用,土壤肥力较低。而适度的火烧能够增加土壤温度以及土壤微生物的活动,加速有机质的矿质化过程,改善土壤环境,提高森林生产力。

(3)生态系统中水分对地表土壤和植被是最敏感的,森林火灾通过对植被和土壤的影响进而对水分产生作用。植被和下层地物被火烧后截留量降低,从而径流增加。高强度的火烧不但烧毁植物,而且烧毁枯枝落叶,截留物被破坏,从而截留量完全丧失。火烧改变了土壤的渗透性以及保水性,进而对水分产生影响。此外,火烧还可以对积雪和融雪产生作用。火烧对积雪的影响主要取决于火烧强度和火烧面积。

二、森林火灾对生态系统的影响

森林火灾是生态系统的一个重要干扰因子,火干扰与生态系统平衡有很大的关系。不同的森林生态系统中火的影响和作用是不一样的。光合作用的有机物质和碳积累以及林火的碳释放是生态系统主要的能量输入和输出。

生态系统是自然演替的一部分,而火对森林生态系统演替具有重要的影响。几千年来,世界绝大多数森林都遭到过火灾的干扰(Wright, 1982;文定元,1995)。早在 20 世纪初期,林学家和生态学家就开始意识到自然火干扰在森林植被演替中的作用。然而,火一直被认为是破坏生态系统、导致群落逆行演替的非自然因子(邓湘雯等, 2001)。一直到近 30 年来,人们才逐渐认识到自然火干扰在森林植被中的普遍性,以及在开创和维持森林、促进森林发育方面的重要性(邱扬,1998);从另一层含义上讲,火灾促进了森林生态系统的演替,使一些本该淘汰的树种加剧退化,促进新的树种发育。目前,人们对森林植被自然火干扰开展了广泛的研究,并认识到林火既能维持循环演替或导致逆行演替的发生,也可使演替长期停留在某个阶段(郑焕能等, 1992;卢振兰等, 2001)。

20 世纪 80 年代以来,随着景观生态学的兴起,促使林火干扰与森林的关系研究上升到景观尺度。景观是空间上不同生态系统的聚合体,构成这些聚合体的各个生态系统之间存在着物质和能量的相互影响,同时这个聚合体是多种自然因素、自然干扰和人为干扰相互作用的结果(徐化成, 1996)。其中,森林火灾就是最为重要的一个干扰因素(邱扬等, 1997)。火常被看作是生物多样性和景观异质性的源泉之一(卢振兰等, 2001),这充分表明了森林火灾干扰是景观形成的重要因素。从保护生物学的角度来说,林火在景观生态安全格局和景观生态战略点的选择上是有利于生物多样性保护的(俞孔坚, 2000)。在许多地区,森林火灾是控制森林景观尺度上植被的组成与结构的重要因子。

森林火灾是森林生态系统最主要的干扰之一,全球每年约有 1% 的森林遭受火灾的影响(Fraser et al., 2002)。森林生态系统是全球碳循环最为重要的组成部分:全球森林的碳储量占整个陆地生态系统碳量总和的 2/3(Dixon et al., 1994);森林生态系统的碳吸收能力占陆地生态系统 NPP(Net Primary Production)总和的 60%(Melillo et al., 1993)。森林火灾通过改变森林生态系统的格局与过程,进而改变整个系统碳循环与碳分配过程,从而对生态系统碳循环产生作用。森林火灾对于碳循环的影响包括两个过程:火灾发生过程(生物质燃烧过程)和火烧迹地生态系统的恢复过程。火灾中植被燃烧过程所释放的大量含碳气体是火灾对碳循环最直接的影响。相关研究表明,全球火灾每年释放大约 4 Pg 的碳到大气中,相当于人为化石燃料排放量的 70%(Thonicke et al.,2001)。火烧迹地的植被恢复过程是森林火灾对碳循环间接而长期的影响(Bond – Lamberty,2004;White,2004),主要表现在火灾后生态系统恢复过程中 NPP 的变化,即火灾后植被通过光合作用固碳的过程以及生态系统恢复过程中呼吸作用的变化,即火灾后生态系统向大气排放碳量的过程(Hicke et al.,2003;Wiseman et al.,2004)。因此,在分析某地在某时期为碳源或者碳汇时,必须考虑火灾所引起的碳收支变化(Tian et al.,1999a)。

三、遥感与火烧迹地研究

传统的火烧迹地研究基本都是通过人工野外调查来完成的,这一过程需要不同程度的人力、物力和财力投入,而且由于被调查目标的地理位置以及地理环境的复杂性,所需投入可能会非常巨大。此外,有些火烧迹地的存在不为人所知,因而被忽略;有些火烧迹地所处的区域不具有可达性,难以进行实地调查。因此,传统方法在研究区域、范围等方面存在较大的局限性,且耗时费力。

遥感技术的出现及其发展,使得遥感数据成为获取火灾信息、监测火烧迹地变化过程的一个既省时又省力的重要手段(Beaty et al.,2001;Escuin et al.,2002)。特别是随着遥感数据时间分辨率、空间分辨率以及光谱分辨率的提高,遥感技术可以更好地实现以时间和空间近连续的方式对地表变化过程进行监测,为火烧迹地动态研究提供了可能。遥感数据不仅可以观测地表各个角落的地物及地表以下一定深度的目标,而且可以对同一目标进行一定时间间隔的反复观测,还可以根据不同地物在各个波段的辐射能量差异识别和区分地物,观察地物的变化。遥感技术的这些特点使其非常适用于火烧迹地的研究,尤其是大尺度和长时间序列的研究。遥感技术为火烧迹地研究提供了大量的可靠数据,极大地扩展了研究的时空范围,提高了研究效率,同时降低了研究成本。随着遥感技术自身的飞速发展,必将推动森林火灾火烧迹地研究的发展。

在森林的诸多干扰因素中,森林火灾是最具影响力的干扰因子之一。它一方面对森林造成严重的危害,特别是大面积的火烧发生之后,森林生态系统发生急剧变化,植被大面积破坏,土壤、大气和水域等生态因子之间的平衡受到干扰,森林自然演替过程被打断,森林景观结构破碎化,各种物质循环、能量流动和信息传递遭到破坏,导致森林生态平衡的破坏;另一方面,它又是自然界不可缺少的生态因素,一定频率、一定强度的火能够维护森林生态平衡,维持森林生物多样性。无论从哪方面着手,火烧之后林火迹地的植被恢复,都是人们面临的一个重要问题。

第二节　火烧迹地植被恢复研究进展

一、火烧迹地植被恢复研究概况

火灾是森林生态系统最为重要的干扰因子之一,它将影响整个森林生态系统的发展和演替。森林火灾的结果就是形成火烧迹地,它意味着巨大的经济损失,包括森林资源的烧毁所带来的直接经济损失和恢复迹地环境所需的投入等间接经济损失。火烧迹地的恢复与重建是火生态学以及恢复生态学的重要研究内容,这个问题的提出已经有30多年的历史(王明玉等,2008)。为了掌握火烧迹地的变化及更新演替规律,使森林生态系统向良性发展,国内外许多专家从不同角度对火烧迹地的植被恢复进行了众多研究。

苏联学者最早于20世纪30年代就开始研究火灾对生态环境的影响。之后,美国、加拿大以及欧洲的一些学者开始重视火灾对不同景观类型的影响。森林火灾研究的主要问题在于火灾后的环境变化,其重点在于火灾对生态系统的影响,包括火灾对植被恢复、土壤、大气等的影响及其生态作用,特别是森林火灾在破坏和维持生态平衡中的作用。

火灾对北美植被的生态影响研究已经有250年的历史(Garrn,1943)。早在20世纪60年代以前,美国学者的研究就表明火灾后通过自然更新时幼林物种差异最大,火灾后只需几年的时间,幼林就能取代被烧毁的森林(Dalel,1979)。之后,学者开始把森林火灾作为森林生态的重要因子,在此基础之上,森林火灾的研究范围扩展到温带森林。美国加利福尼亚的灌丛区是重火灾区,长期的火烧使得灌丛对火具有较强的适应能力,火灾后种子萌芽更新迅速,恢复过程较快,学者将这种火灾后的迅速更新并成为建群种且持续一定时间的演替称为"自然演替",并将火灾称为该演替的"调节器"(Hanes,1971)。火烧后森林生态系统的快速恢复必须有适宜的气候条件(Cromack et al. ,2001);相反,如果气候条件不理想,更新将非常缓慢。例如,Savagede et al. (1991)利用树木年轮气候学分析了美国西南部在强烈火烧后松树的自然恢复过程,由于不利气候条件的影响,松树能够恢复的时间非常短,且频率低。

我国对火烧迹地的植被恢复研究起步较晚,只有几十年的历史,开始进行全面的研究还是在1987年大兴安岭"5.6"特大森林火灾之后,只有几十年的时间。大兴安岭是我国重要的国有林区以及木材生产基地,但同时也是我国森林火灾最严重的林区之一。根据 1971～1980 年火灾资料统计(郑焕能等, 1994),该区森林火烧面积占全国森林被烧面积的 1/2。1987 年 5 月 6 日,大兴安岭发生特大森林火灾,大火烧了 28 天,火烧面积超过 100 万 hm^2。这是该区有火灾记录以来最为严重的一场森林大火,几乎烧遍了整个大兴安岭北部地区,直接导致森林覆盖率由 76% 下降到 61.5%,仅森林资源一方面的经济损失就达 70 亿元(罗菊春, 2002)。大火严重影响了林区的社会、经济、生态效益,同时也引起了国内外广泛的关注,国内外众多专家对"5.6"特大森林火灾开展研究,发表了大量的论文及报告,推动和完善了我国火烧迹地植被恢复研究。

(一)不同尺度下的火烧迹地植被恢复研究

火烧迹地的生态恢复首先需要确定研究尺度,根据研究目标的不同,森林生态系统的研究需要从适当的尺度着手,孔繁花等(2003)将火烧迹地植被恢复研究划分为 4 种不同的尺度。

1. 种群尺度

种群是物种存在和进化的基本单位,是生物群落和生态系统的基本组成部分(钟章成, 1992)。在种群尺度下,种群数量变动、空间分布规律以及种群的遗传特征是火烧迹地植被恢复研究的主要内容。单建平(1996)以兴安落叶松为对象,研究了该种群在火烧后的结实规律与长短枝习性的关系,对火烧后兴安落叶松种群的恢复能否提供充足的种源进行了探讨。此外,还有学者对樟子松的开花结实规律进行了研究(刘恩海等, 1995)。郑焕能等(1986)根据 1971～1980 年的资料将大兴安岭分为三个火灾轮回期,并通过对火灾轮回期、树种对火的适应性等分析,探讨了森林演替规律和森林恢复途径,以树种的抗性为基础,考虑大兴安岭树种本身的特性,提出了物种更新对策类型:侵入型、逃避型、回避型、抵抗型和忍耐型。

2. 群落尺度

人工更新是火烧迹地植被恢复的重要手段,更新方式应依据植物群落生态学特性,即森林的组成、分布、生长和更新规律,并结合垂直带来选择(周以良等, 1989)。舒立福等(1993)从群落角度出发,研究了不同地域、不同火烧程度下的森林演替状况,并根据不同的演替趋势建立了森林演替模型。研究指出,森林演替在大兴安岭地区较为普遍(原生演替、次生演替、进展演替和逆行演替)。自然状态下,森林火灾的发展将形成以白桦为中间环节的森林演替。从时间上来说,大的森林火灾或者反复火烧,将导致落叶松林向阔叶林的逆行演替,而如果阔叶林进一步遭到火烧,则将向草原演替。

3.生态系统尺度

火烧迹地的植被恢复要从一个相对宏观的角度出发,首先考虑的是对一个森林生态系统来进行经营管理,使乔、灌、草以及植物和动物达到一定比例,保持生态系统处于良性循环的合理结构(周以良等,1989)。从生态学的角度来说,认为火烧迹地仅是森林面积的恢复是非常片面的,火烧迹地的恢复过程是生态系统结构和功能的重建过程(孔繁花等,2003)。

4.景观尺度

以森林为对象的景观生态学研究是景观生态学发展的重要组成部分和基础(郭晋平,2001)。森林景观是指某一特定区域里的数个异质森林群落或森林类型构成的复合森林生态系统。它在功能上分解为森林树木和森林环境两个组成部分;同时也可以在地域上分解为若干个森林生态系统单元。所谓森林生态系统下森林景观的动态变化过程,是指森林单元在各种不同环境条件控制下动态变化的总和(邵国凡等,2001)。从景观层次逐步分析,直至个体和分支水平,并将各个等级层次上的结构特征有机地联系起来,就能更加完整和深入地了解森林生态系统植被格局(马克明等,2000)。徐化成等(1997)通过大量的火疤木,研究了景观水平上火的状况,以及火干扰对森林景观格局的影响。运用景观的理论和方法进行火烧迹地植被恢复研究是目前发展的趋势(徐化成等,1996)。

(二)火烧迹地植被更新方式

根据火烧迹地植被恢复过程中是否存在人工干预,更新可以分为自然更新和人工更新(孔繁华等,2003)。

1.自然更新

自然更新是火烧迹地植被恢复的主要方式,更新过程长而缓慢。李为海等(2000)通过建立火烧迹地次生林天然更新株数模型,对不同离地类型上的林分株数进行了简明判定,对不合理分布进行调整,实施林业分类经营,使森林恢复结构趋向合理化。关克志等(1989)对大兴安岭"5.6"特大火灾后第二年不同类型样地的植被恢复情况进行了调查,对相同植被类型的过火样地和非过火样地进行了比较,采用定量分析的方法,试图寻找森林植被恢复的规律,探求植被恢复的可能性。

2.人工更新

所谓人工更新,是指如何更有效地通过人工方法来缩短火烧迹地植被更新周期,提高幼林成活率,尤其是在土壤贫瘠,离地条件差,土地面临退化的地段。郑焕能等(1987)从可燃物类型、火源、火环境和火行为等出发,提出了森林燃烧环理论,认为应充分考虑森林燃烧环中各因子之间的相互关系,以制定火烧迹地植被恢复的相关措施。杨春田等(1989)在研究大兴安岭"5.6"特大森林火灾火烧迹地更新的策略与技术中提出:人工更新需要因地制宜,森林是处于动态演替过程中的植物群落,依据空间分布和演替阶段,可将其区分为干旱系列、中生系列、湿生系列的森林变化,目前的人工更新应以中生系列的迹地更新为主,旱生系列以恢复植被为主。此外,该研究还根据兴安落叶松幼树成团状分布的生态学特性提出了植生组造林;按照土壤物理特性来确定整地方式,在土壤物理性质不良的地带,采用铲除草坪窄缝栽植造林等人工更新的技术问题。杨树春等(1998)通过连续 10 年对火烧迹地植被进行监测,对植被种类、种群频度、盖度和生物量的变化进行研究,阐明了火烧迹地植被动态变化趋势。

二、传统的火烧迹地植被监测方法

传统的火烧迹地植被研究方法主要依赖于大量的野外调查工作,然后采用人工制图的方法对火灾造成的影响进行分类(Bertolette et al. , 2001),这一过程耗时费力。

许多的火烧迹地植被恢复研究都集中于火灾发生后的第一年里,研究的重点主要包括幼苗的出芽状况、植被的存留状况以及植被覆盖的恢复状况等。随着时间尺度的增加,研究的重点转移到林木特征的变化,主要包括树高、冠幅、树径等。此外,为了研究不同生态系统下火烧迹地的植被恢复能力,就需要对火烧迹地进行长期的观测。通常来讲,这一过程应从火灾事件发生之后开始,选择一定的采样单元以及研究所需的观测因子,在之后的年份中进行持续观测(Tarrega et al. , 2001)。

火烧迹地植被研究中最为常用的采样方式为使用固定的方形样点(Calvo et al. , 2002)。样点的大小以及数量等取决于被调查物种的特征以及研究区的范围(Cruz et al. , 2003; Mitri et al. , 2010)。相应地,为了有利于地表数据的收集,还需要确定所需的野外调查项目。除此之外,根据调查类型和目的的不同,还有着相应的采样规则(Daskalakou et al. , 2004)。

火烧迹地的植被恢复监测和分析既可以通过植被结构研究(包括植被覆盖以及空间异质性等)来进行,也可以通过植被区系评价(包括物种组成、丰度、群落多样性等)来实现,亦或是两者的结合(Pausas et al. , 1999; Eshel et al. , 2000; Kazanis et al. , 2004)。

环境条件是影响火烧迹地植被更新的重要因素,包括气候条件、地形、土壤等。Pausas 等(1999)对不同环境条件下(气候带、坡向、岩性等)的火烧迹地植被恢复过程进行了研究。结果显示,植被恢复过程存在着巨大的空间差异,随坡向和空间位置的变化而改变;不同年份的植被恢复速率由于气候条件的不同而存在差异;北坡植被更新速率较高,南坡较低。Belda 等(2000)对气候条件火烧迹地植被自然更新的影响进行了探讨,他们认为植被再生过程遵循指数曲线,尤其是在气候湿润带具有较高的相关系数。Tsitsoni(1997)认为火烧迹地土壤具有较高的土壤有机物,有利于植被的自然更新。De Luis 等(2001)综合评价了火灾以及暴雨对生态系统的影响,结果表明降水是火烧迹地植被恢复的重要影响因子。火灾发生前的环境特征同样对火烧强度的异质性产生影响,从而在局地或者景观尺度上作用于植被恢复过程,表现为植被恢复在空间上的异质性过程(Ne'eman et al., 1999)。

三、基于遥感的火烧迹地植被研究

(一)不同遥感数据的应用

与费时费力的地面调查相比较,遥感为火烧迹地植被恢复研究提供了一个更为有效的手段。与传统的方法相比较,基于遥感的研究方法只需要少量的地表采样数据来进行校准和验证(Mitri et al., 2010)。航空平台最早提供了用于研究的遥感影像数据。Stueve 等(2009)使用航拍照片并结合 CORONA 影像对火烧迹地的植被更新过程进行了监测。Amiro 等(1999)使用机载设备对北方森林火烧迹地的能量平衡进行了研究。Peterson 等(2003)以航空遥感数据为基础,应用光谱混合分析的方法对加利福尼亚南部火烧迹地灌木的再生过程进行了制图。航空影像数据包含了详细的空间信息(Bobbe et al., 2001)。然而,尽管数字航空影像数据的可用性越来越高,但该数据在火烧迹地研究方面的应用却较少。其原因主要是机载设备通常只覆盖很小的区域。因此,当火灾覆盖范围较大时就需要很多的数据,随之而来的就是影像纠正、拼接等烦琐的问题(Gitas et al., 2009)。

除航空影像外,星载传感器在火烧迹地植被恢复研究中也具有巨大的潜在价值,而且已经有许多学者使用航天遥感数据进行火烧迹地相关研究。分辨率是遥感数据用于火烧迹地研究的首要影响因素(Bobbe et al., 2001)。分辨率包含空间分辨率、时间分辨率、光谱分辨率以及辐射分辨率。

在火烧迹地研究方面,选择遥感数据时主要考虑的是数据的空间分辨率以及时间分辨率。中高空间分辨率的影像每年中能够获取的数量较少,很多时候只有几期数据,而低空间分辨率的遥感数据往往可以获取逐日的数据(Veraverbeke et al., 2011)。

遥感数据在进行分析之前往往都需要进行预处理。为了能够得到更为精确的评价结果,通常都需要对数据进行几何校正、辐射校正、大气校正以及地形校正。在火灾造成突变之后,火烧迹地的植被恢复过程在景观尺度上表现为辐射反应的渐变过程。这一变化过程主要受以下因素的影响:

（1）火烧造成的木炭、灰烬等消失。

（2）裸地比例的变化。

（3）植被覆盖的增加。

因此，为了更好地区分植被和裸地，目前的研究大都着重于近红外波段的应用。

依据空间分辨率的不同，可以将用于火烧迹地植被研究的遥感数据分为高分辨率数据、中分辨率数据、低分辨率数据以及雷达（SAR）数据。高空间分辨率的遥感数据主要包括航空数据以及 Quickbird 数据。Palandjian 等（2009）使用 Quickbird 影像对地中海地区火灾对环境的影像进行了评价，并对火烧迹地植被恢复过程进行了监测。中空间分辨率的数据包括 Landsat 数据、EO1（Earth Observing - 1）高光谱数据及 GLAS（Geoscience Laser Altimeter System）数据等。其中，以 Landsat 数据的应用最为广泛。Achim 等（2008）以 25 景 Landsat 影像（1975～2000）为基础，应用光谱混合分析的方法对西班牙阿拉约地区的火烧迹地植被动态过程进行了监测。Jay 等（2002）使用 Landsat TM/ETM 数据，建立了一种快速评价火灾的技术方法，能够迅速快捷地对火灾后的火烧强度、森林遗迹植被死亡率进行估测。低空间分辨率的遥感数据以其高时间分辨率的优势，在大尺度的火烧迹地植被研究中得到了广泛的应用，主要包括 AVHRR 数据、MODIS 数据以及 SPOT Vegetation 数据等。Maria 等（2009）以 MODIS NDVI 以及 NDSWIR 时间序列数据为基础，对西伯利亚地区 1992～2003 年火烧迹地的更新状况进行了研究。Gouveia 等（2010）以 SPOT/Vegetation 数据为基础，通过对 NDVI 异常值进行聚类分析，对火烧迹地进行了提取，然后使用时间序列 NDVI 数据对火烧迹地的植被动态过程进行了监测，并计算了植被恢复率。此外，雷达数据也在火烧迹地植被研究中得到了应用（Ramsey et al.，1999）。

目前的火烧迹地植被研究仍以中低分辨率的遥感数据的应用最为广泛，主要包括 Landsat、MODIS 以及 AVHRR 等数据。高时间分辨率和高光谱分辨率数据则可能是未来研究的需求，例如高空间分辨率数据（Quickbird、IKONOS）能够用于识别植物个体，而高光谱数据可以用于区分不同植被物种（Mitri et al.，2010；Somers et al.，2010）。除光学遥感影像外，雷达数据在这方面的应用也有待挖掘。

（二）不同生态系统下的火烧迹地植被研究

火烧迹地的植被恢复是生态系统各因子综合作用的结果，植被恢复的速度依赖于火烧强度（Diaz - Delgado et al.，2003）、土壤特性（Bisson et al.，2008）、火烧迹地的气候特征（Van Leeuwen et al.，2010）以及火灾发生地区的生态区类型（Veraverbeke et al.，2010b；Lhermitte et al.，2011）。在对火灾具有较强适应能力的硬叶灌丛地区,火烧后的植被恢复往往只需要几年的时间(Pausas et al.,2005),而在北方森林植被的恢复需要持续几十年(Nepstad et al.,1999)。

因此,不同生态系统下的火烧迹地恢复表现为不同的过程。目前,研究最为广泛的为地中海生态系统。Sergio 等(2008)对西班牙中埃布罗地区火烧后的森林再生过程、土地覆被变化过程及其生态系统气候响应进行了研究,认为该区火烧迹地的土地覆被变化过程是自然因素和人为因素共同作用的结果。Vila 等(2010)对意大利利古里亚地区火烧迹地的植被更新过程进行了定量监测,认为定量监测是目前火烧迹地研究的主要方式,缺乏植被恢复的相关定性研究。

北方森林是另一个森林火灾研究较多的区域,主要包括北美地区以及西伯利亚地区。千百万年以来,作为森林生态系统更新和演替推动力的火灾事件,对区域生态系统有着重要的影响。特别是在全球环境变化的影响下,火灾发生范围变大、火灾循环时间变短(Gillett et al.,2004),使得该区的森林火灾及火烧迹地研究引起学者的广泛关注。Hicke 等(2003)使用 AVHRR/NDVI 时间序列数据以及植被光利用效率模型,对北美地区 61 个火灾发生地区的 NPP 动态过程进行了研究,在此基础之上对火烧迹地的植被恢复过程进行了评估。Goez 等(2006)监测了加拿大北方森林火烧迹地的植被恢复过程,认为火灾对于 NDVI 有着显著的影响,NDVI 恢复到火烧前的水平至少需要 5 年的时间。

火灾是诸多生态系统的重要扰动因子。因此,火烧迹地的植被研究也涉及许多生态系统。除上述两者外,主要还包括草地(Lhermitte et al.,2010)、温带森林(Van Leeuwen,2008)、热带森林(Segah et al.,2010)以及湿地生态系统(Ramsey et al.,1999)等。

(三)影像分析方法

基于遥感火烧迹地植被恢复研究中使用了许多影像分析方法。大多数遥感数据应用的传统方法都要超出火烧迹地研究的范畴,但只需要做出简单的调整即可用于火烧迹地相关研究。最常用的方法包括影像分类、植被指数以及光谱混合分析。

1.影像分类

许久以来,遥感图像分类被认为是将遥感数据转化为地表覆被类型的有效工具。不论是监督分类(Hall et al.,1991;Stueve et al.,2009)还是非监督分类(Steyaert et al.,1997)都已经广泛地应用于火烧迹地的植被恢复研究。大多数的研究都采用了基于像元的分类方法,例如最大似然法,划分的类别较多(Steyaery et al.,1997;Mitri et al.,2010)且具有一定的精度。这种分类方法的主要问题在于遥感数据椒盐噪声的影响。而面向对象的分类技术,充分利用高分辨率的全色和多光谱数据的空间、纹理及光谱信息对图像进行分类,可以作为一种解决方法(Wicks et al. , 2002)。

总的来说,虽然有部分研究使用影像分类技术来进行火烧迹地植被恢复研究,但数量较少。其原因主要在于火灾后的地表是一个复杂的系统,且常用的遥感数据空间分辨率较粗,因此很难找出纯的训练样本来进行分类。

2. 植被指数

目前,基于遥感的火烧迹地植被恢复研究中使用最广泛的为 NDVI(Tucker, 1979),这是由于 NDVI 在不同的生态系统下都与地表生物量有着极强的相关性(Carlson et al. , 1997;Henry et al. , 1998;Cuevas - Gonzalez et al. , 2009)。此外,在单时相条件下,NDVI 与气候变量(Belda et al. , 2000)、地形(Mitchell et al. , 2010)以及火烧强度(White et al. , 1996)等因素相关。火烧迹地环境的典型特征表现为植被以及下层土壤的混合。因此,在这一混合环境下,土壤调整植被指数——SAVI(Soil Adjusted Vegetation Indice)(Qi et al. , 1994)能够尽可能地排除土壤背景的影响,因而可能更加适用,但结果却恰恰相反。Clemente 等(2009)比较了 NDVI、SAVI、TSAVI(Transformed SAVI)以及 MSAVI(Modified SAVI)在火烧迹地植被恢复研究中的应用效果,并认为 NDVI 与野外调查所得的植被覆盖度最为相关。Vila 等(2010)得出了相似的结论,他们发现一起发生在意大利的火灾,8 年之后 NDVI 与野外调查数据最为相关。Van Leeuwen 等(2010)同样得出了 NDVI 与野外调查数据具有高相关性的结论。Veravrbeke 等(2012b)综合计算了 13 个基于红外 - 近红外波段的植被指数,用以评价火烧迹地的植被更新过程。他们发现 NDVI 与线状的野外调查数据具有最好的相关性,而 SAVI 表现最差,其原因在于它对土壤背景亮度的不稳定性。

然而,值得注意的是由 SWIR 或者 MIR 波段计算的植被指数并没有得到很好的利用,存在一定的潜在能力。这些光谱范围被证明同样能够很好地区分土壤和植被(Asner et al. , 2000)。在 Marchetti et al. (2005)、Cuevas et al. (2009)以及 Jacobson(2010)的研究中表明,SWIR 以及 MIR 波段所计算的植被指数同样可以很好地监测火烧迹地的植被恢复过程。

许多研究使用 NDVI 计算了相关的生态参数来进行植被恢复研究,例如植被覆盖度(Clemente et al. , 2009;Vila et al. , 2010;Veraverbeke et al. ,2012b)、光合作用有效辐射吸收率(fAPAR)(Cuevas et al. , 2008)、净初级生产力(Hicke et al. , 2003)以及叶面积指数(McMichael et al. , 2004)。通常来讲,这些转化计算都基于一定的野外验证。但是,只有少数的研究包含了一定数量的野外验证,大多数的研究都使用 NDVI 作为监测植被恢复的方法,但却没有验证数据。

3. 光谱混合分析

火烧迹地的环境特征表现为多个地物的混合体(植被、土壤、灰烬等)。由于受遥感数据空间分辨率的影响,影像中的一个像元可能由多个地物组分构成,像元光谱响应表现为多个地物组分光谱响应的混合。这就使得火烧迹地的植被恢复研究面临混合像元的问题。许多技术可以用于对混合像元进行分析(Atkinson et al. , 1997; Arai, 2008),而光谱混合分析(SMA)是应用最为广泛的方法(Asner et al. , 2000; Riano et al. , 2002; Roder et al. , 2008; Somers et al. , 2010)。

SMA 用来定量分析地表覆盖的反射性质,提供了合成辐射观测值的自然表达,使得地表反射物能被描述为光谱组分的组合。将光谱混合空间中的反射物质表示为渐变的物质,依据端元的光谱特征,得出各个端元在像元中所占的比例(丰度图),相对于将像元硬分为少数种类中的一种更可行、更精确。因此,许多研究都使用 SMA 来对火烧迹地植被恢复过程进行监测(Roder et al. , 2008; Sankey et al. , 2008; Vila et al. , 2010; Veraverbeke et al. , 2012a)。大多数的研究都采用了较为简单的线性模型来进行混合像元分解。但线性模型以一个不变的端元光谱应用于一幅影像的所有像元,并没有考虑到由于地表的复杂性和空间异质性以及不同像元组成的类型和数量的可变性。因此,在实际的应用中,如果选择的端元光谱不能代表土壤中的所有地类,或者某个像元的端元与其所包含的土地覆被类别不相符,将会导致分类结果精度的降低(Asner, 1998)。

针对像元端元在光谱和空间上的变化,Peterson 等(2003)将多端元光谱混合分析法(Multiple Endmember Spectral Mixture Analysis, MESMA)引入到火烧迹地的植被恢复研究中。多端元光谱混合分析需要从光谱库或者其他端元选择方法中准备所有可能的端元组合模型;然后,将各个组合模型分别运用线性混合模型来进行分解;最后,根据设定的判定准则来决定各个混合像元可能的端元组成及其丰度(Rboerts et al. , 1998)。这一方法要求对研究区域有一定程度的了解,可以获得更好的分解效果。

第三节　研究内容

本书以黑龙江流域为研究区,以遥感数据为主要数据源,选取能够表征火灾发生的相关指标对黑龙江流域 2000 ~ 2011 年的火烧迹地信息进行了提取,并以此为基础选取火烧迹地,从定性、定量两个方面,对火烧迹地的植被恢复过程进行了监测。此外,选取 2000 年发生于大兴安岭地区的特大森林火灾,分析了不同火烈度下的火烧迹地植被恢复过程。具体内容与方法如下。

一、基于 MODIS 数据的黑龙江流域火烧迹地信息提取

在分析比较火烧迹地火灾发生前后植被指数变化特征的基础上,选择 MODIS – GEMI、MODIS – BAI 以及 MODIS 火产品时间序列数据为遥感数据源,设定相应的判别条件对火烧迹地信息进行提取。提取过程分为两个阶段:首先设定较为严格的判别阈值对 GEMI 以及 BAI 进行筛选,然后使用 MODIS 火产品数据进行掩膜,从而提取火烧的核心像元——火灾最有可能发生的像元;其次,对第一阶段提取的核心像元一定距离范围内的光谱指数变化特征进行判别,这一过程设定较为宽松的阈值,以尽可能减小漏判误差。最终生成黑龙江流域 2000 ~ 2011 年火烧迹地分布图。

二、基于植被物候特征的火烧迹地植被恢复研究

在论述遥感植被物候内涵与原理的基础上,选择 MODIS – EVI 时间序列数据为主要数据源,以双 Logistic 模型拟合与动态阈值结合的方法作为物候信息提取的主要手段,从黑龙江流域 2000 年火烧迹地中选取 6 处迹地,对其火灾发生前后的植被物候特征进行提取,主要指标包括 EVI 最大值、最小值、平均值、振幅和生长始期、生长末期、生长季长度 7 个遥感物候特征参量,从而形成火灾迹地植被变化 EVI 特征曲线,并以此为基础对火烧迹地的植被动态过程进行分析。

三、火烧迹地植被恢复定量分析研究

植被指数以及 NPP 是植被动态变化研究的重要表征参量。本书选取 EVI、NDSWIR 以及 NPP 作为火烧迹地植被恢复定量研究的指标,对其火烧后的植被变化过程进行定量分析。对于 EVI 以及 NDSWIR 指数,为了避免雪盖的影响,对其每年植被生长季内的均值进行计算,而 NPP 则使用了 MODIS 年均值数据。为了排除年际气候波动对植被变化的影响,采用选取参照区域的方法,对火灾后的植被动态变化进行比较分析。以 MODIS 土地覆被分类产品作为基础土地覆被数据,针对研究区主要植被类型(落叶针叶林、常绿针叶林、落叶阔叶林以及混交林),分别对其火灾后的植被变化过程进行分析。

四、不同火烈度下的植被恢复研究

火烈度是对火灾造成的地表植被破坏程度的度量,不同火烈度下火烧迹地的植被恢复过程不尽相同。以 TM/ETM 遥感数据为基础,选取 2000 年发生于大兴安岭地区的特大森林火灾为研究对象,对其火灾发生后的火烈度进行分级。

在此基础上，分别采用混合像元分解以及经验模型反演的方法，对火灾后的植被覆盖进行反演，分析不同火烈度下的植被恢复过程。以 Google Earth 高精度影像数据对两种方法下的植被覆盖反演精度进行验证，并比较两种方法在火烧迹地植被动态研究中的优劣。

第二章　研究区概况及数据处理

第一节　研究区概况

一、研究区自然地理概况

黑龙江位于亚洲东北部,是东北亚最大的河流,河长 4 444 km,也是中俄最长的界河(牟金玲,2007)。黑龙江干流全长 2 820 km,通常分为三段:黑龙江上游、中游和下游,中游主要为中俄界河,下游位于俄罗斯境内(见表2-1)。

表 2-1　黑龙江干流河道基本情况(张树文等,2009)

河段	长度(km)	平均比降(‰)	说明
上游	900	0.20	自洛古河村至黑河附近的结雅河口
中游	950	0.09	自结雅河口至乌苏里江
下游	970	0.03	自乌苏里江河口至黑龙江入海口
全长	2 820		

黑龙江流域(41°45′~53°33′N,115°13′~135°05′E)是东北亚最大的一个流域,也是世界第五大流域,西起蒙古高原,包括蒙古、中国和俄罗斯的部分地区及朝鲜的小部分(见图2-1)。流域面积约 208 万 km²,其中约有 101 万 km² 在俄罗斯境内,89 万 km² 在中国境内,其余主要分布在蒙古及朝鲜境内。流域内人口分布极不平衡,总人口在 7 000 万~8 000 万人,其中 500 万人居住在俄罗斯,6 500万~7 500 万人居住于中国境内,只有不到 5 万人居住于蒙古境内。

流域内地势整体上呈现西高东低的趋势,西部以山地、高原为主,中东部以平原为主。流域内的山地大多在 1 000~2 000 m,主要包括流域西部俄罗斯与蒙古境内的 Khenty - Chikoysky 山地,中国的大兴安岭;中部的小兴安岭、Bureinsky 山脉及东部的 Sikhote - Alin 山地和长白山。平原主要包括结雅—不列亚河盆地,兴凯湖冲积平原,黑龙江下游河谷及松花江上中游的冲积平原。

流域的东部地区主要属于温带湿润季风气候,这是全球季风气候的最北缘,流域西部主要受大陆性气候的影响。全年平均气温在 −8~6 ℃,但其时空分布

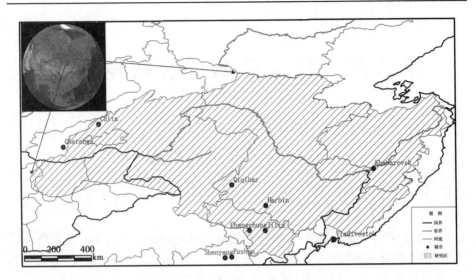

图 2-1　黑龙江流域地理位置

差异显著,冬季 1 月平均气温主要在 −20 ~ 32 ℃,但受鄂霍茨克海影响,东部太平洋沿岸的温度要高出 10 ℃,夏季 7 月整个流域平均气温在 17 ~ 24 ℃,但沿海温度要低于内陆温度。同时,流域内降水量的时空分布也很不均衡,年平均降水量主要在 250 ~ 800 mm,大约 50% 以上的降水量集中在最热的夏季,而近 7 个月的干季(1 ~ 4 月,10 ~ 12 月)降水量仅为 25%;在空间上,降水主要集中在沿海地带,向西逐渐递减。

　　由于黑龙江流域独特的自然环境与流域内各国的社会经济特征,流域内景观类型呈现丰富的多样性,从原始的北部泰加林、温带草原、肥沃的农田到贫瘠的荒漠均有分布。

二、西伯利亚地区森林火灾

　　位于极地附近的北方森林覆盖了大约 13.7 亿 hm² 的区域,占世界陆地面积的 9.2%。西伯利亚地区是北方森林的重要组成部分,也是气候变化研究的热点区域。作为一个对气温起主导作用的区域,西伯利亚地区对于温度的变化特别敏感。此外,长期的观测表明,这一区域的增温趋势也远远大于全球平均水平,并且相关模型的模拟研究表明这一趋势在未来可能加剧。研究表明,自从 1985 年以来西伯利亚地区就表现出增温趋势,而且其速度大于全球平均水平,而到 1990 年以后增温速度再次加快(Balzter et al., 2007)。

　　在西伯利亚地区,森林长期遭受火灾的影响。目前区域内的森林覆被状态就是长期以来火灾作用的结果,而且几乎没有一片区域不曾受到过火灾影响。

在过去的几十年中,受全球气候变化的影响,森林火灾的数量显著增加。火是北方森林的重要影响因素,是千百年来森林演替的自然驱动力。森林火灾的发生将导致不同森林类型的交互镶嵌,促使地表景观的破碎化。降水、湿度、风速、可燃物累积量等都是影响火灾发生、发展的重要因素。总的来说,影响森林火灾的火环境条件主要包括气象条件、气候条件以及地形条件。许多气候变化方案下的预测都表明了西伯利亚地区火环境的累积效应,即火灾发生呈增长趋势。除自然火外,人为干扰下的火灾也对区域有着重要的影响(Jupp et al., 2006)。森林火灾发生过程中所排放的温室气体是全球碳循环的重要组成部分。火被认为是全球范围内诸多生态系统的重要扰动因素。每年由火灾排放到大气中的碳接近 4 Pg,相当于每年人为化石燃料释放量的 70%(Thonicke et al., 2001)。研究表明,发生于 1997/1998 年的大气碳氧化物异常,其主要原因在于火灾发生数量的增加,导致排放到大气中的温室气体异常(约占 66%),其中 10% 来源于北方森林(van der Werf et al., 2004)。Amiro 等(2001)认为火灾发生所导致的温室气体排放的增加将对全球变暖产生一个正反馈。对于未来气候条件的预测表明,北半球未来夏季的干、热条件将增强,植被的生长季将延长。这些都将增加未来北方森林火灾发生的可能性(Ayres et al., 2000;Kobak et al., 1996)。

(一)西伯利亚地区森林火灾特征

每一片森林都有其特有的火灾特征。火势(fire regime)是火干扰的一个重要属性,是对某一生态系统长时间内火干扰自然属性的描述,包括火干扰的强度、频率、季节性、大小、类型以及破坏性(Weber et al., 1997)。

西伯利亚地区覆盖了广袤的区域,其中包含了许多的气候带以及植被带。气候以及局地条件的空间差异导致了每年森林火灾发生状况的不同。大多数的火灾都发生于针叶林地区,并且以地表火为主导(占森林火灾数量的 90% 以上)。统计数据显示,特大森林火灾的数量仅占火灾发生数量的 1%,但面积却占 90% 以上(Valendik, 1996)。

中西伯利亚地区森林火灾发生的时间随纬度的变化而不同:在南部区域(50°~55°N)森林火灾的发生多开始于 4 月末到 5 月初,中部区域(55°~60°N)为 5~6 月,北部区域则为 6 月以后。森林火灾发生的峰季为 7 月。

夏季干燥期持续较长,因而成为森林火灾最容易发生的时期。西伯利亚地区夏季的平均干燥期为 45 天,而在一些极端区域可以达到 115 天。干旱的植被条件使得火灾极易发生,同时也易于火灾的扩散,从而导致特大火灾的发生。

极端火灾季节(Extreme Fire Season)的特征表现为干燥期长,发生特大森林火灾并伴随着诸多较小火灾的发生。中西伯利亚地区的极端火灾季节受纬度的影响(Kurbatskii, 1975)。

‌

　　干旱能够促进森林火灾的发生以及发展。通常情况下,西伯利亚地区干旱的发生受中亚、蒙古以及东西伯利亚中部地区干湿气团的影响,其结果表现为干旱的周期性,尤其是在西伯利亚地区南部和东部区域更为显著。在干旱年份,极易发生特大森林火灾且火灾的发生概率较高。

　　火灾发生的频度及其回归周期受地理位置、森林条件、天气条件以及人类活动等的影响。在大尺度条件下,地表景观特征也是影响火灾的重要因素。地表景观交错相邻的区域较之被沼泽或者山体环绕的孤立区域,火灾发生的频度更高。例如,在 Yenisei 平原松林区域,非孤立地区(20～40 年)比孤立地区(80～90 年)的火灾回归间隔时间要短很多。后者的主要火源为雷击,火灾的发生主要依赖于可燃物的积累。初次火灾发生之后,只有当可燃物累积到一定的水平,火灾才有可能再次发生。

　　西伯利亚松林地区的火灾回归周期具有较高的纬度差异,随纬度的变化由北到南递减(Galina et al. , 2005):

　　(1)泰加林带北部为 45～53 年;

　　(2)泰加林带中部为 20～40 年;

　　(3)泰加林带南部为 24～38 年(北部边界)以及 12～21 年(南部边界);

　　(4)森林－草原过渡地带为 8～12 年;

　　(5)山区松林带为 13～27 年。

(二)大气环流的影响

　　也有一些学者认为北方森林的火灾受大尺度下大气环流的影响(Balzter et al. ,2005, 2007;Hallett et al. , 2003)。大气波动使区域气候变化,进而导致区域植被特性的变化。影响北半球的大气环流主要包括厄尔尼诺－南方涛动(E1 Nino Southern Oscillation, ENSO)以及北极涛动(Arctic Oscillation, AO),两者都会对西伯利亚地区的气候条件以及植被生长造成巨大的影响(Los et al. , 2001;Buermann et al. , 2003)。

　　近年来,西伯利亚地区经历了极端的火灾年份(Sukhinin et al. , 2004),而这些年份往往是北极涛动活跃的年份(Balzter et al. , 2005)。Jupp 等(2006)认为在西伯利亚地区,如果干季的降水发生异常,则森林火灾的发生频率增加。Frey 和 Smith(2003)的研究表明,西西伯利亚地区的气温和降水都呈增加趋势,尤其是春季气温的增加以及冬季降水的增加,并且这一增加与北极涛动密切相关。而这些变化都对森林火灾的发生产生重要影响。

(三)火源

　　雷击是西伯利亚地区火灾发生的重要原因。中西伯利亚地区 34% 的森林火灾为雷击火,而到北部区域则增加到 90%。雷击火多发生于偏远地区,不能

及时发现,因此很容易形成特大森林火灾。雷击火发生的条件主要包括以下几个方面:

(1)可燃物条件。主要是有两方面可燃物的存在。一是森林中有枯立木,降雨时具有导电性且易被雷击,雷击后枯立木内部含水率低易被引燃;二是地表枯死可燃物数量较多,其含水率能在雨后很短的时间内降至30%以下。这样,遭雷击而燃烧的枯立木倒下后就有可能使地表可燃物燃烧而引发森林火灾。

(2)天气条件。主要与降水和雷击发生有关。一是只要有积雨云存在,就有产生雷击的可能;二是要有一定数量的降水,增加大气的导电性,引起地闪闪电;三是降雨量较小,对地表可燃物含水率影响不大,雨后很快晴天,使细小可燃物快速干燥。

此外,火灾的回归周期也受到人类活动的强烈影响。在过去的几十年中,由于人类活动的影响,安加拉河地区(西伯利亚中南部)松林的火灾回归周期缩短了近1/2。人为火灾所占的地位越来越重要。

总的来说,影响火灾发生的主导因素在20世纪末期发生了重大的改变。在早期,火灾的发生主要取决于气候条件,受干旱周期等的影响。而到后来,人类活动成为影响火灾的重要因素,特别是西伯利亚大铁路建成以来,人类在偏远地区的定居及其开发活动对于火灾的发生和发展起着越来越重要的作用。

三、东北地区森林火灾

东北地区包括黑龙江、吉林、辽宁三省以及内蒙古自治区的呼伦贝尔市、兴安盟、通辽市和赤峰市,全区面积约124万 km²。北、东、西三面环中低山,南部及中部为平原或农田。地带性植被在大兴安岭地区为寒温带针叶林,在东部山地则为温带针阔混交林。该区森林资源丰富,森林覆被率高,是国家木材生产的重要基地。但是,由于大面积的开发和火灾等自然灾害的影响,森林覆被呈减少趋势。

(一)火环境及其火灾特点

东北不同的气候、地形及植被等差异悬殊。降水量从东到西递减,东部年降水量高达600 mm,而西部仅为300 mm左右。年平均温度在南部为2~4 ℃,北部降到-4~2 ℃,大于等于10 ℃的年积温在南部达2 400~3 300 ℃,在北部仅为1 600~2 000 ℃。虽然气候条件差异很大,但是春(3~6月)、秋(9~11月)两季高温、干旱以及大风是该区共同的火灾气候特征。因此,火灾主要发生于春、秋两季。人为火是主要火源,雷击火多发生在大、小兴安岭北部。春季火灾从南部开始,逐渐向北推移;秋季则从北部开始逐渐向南推进。适宜的气候条件加以高的植被覆盖使得该区成为森林火灾的高发区域。

(二)可燃物类型及其火行为特点

本区北部(大兴安岭地区)代表性植被主要由西伯利亚植物区系植物组成，其中兴安落叶松广泛分布于该区，在低海拔以及高海拔地区均有分布。樟子松在立地条件较干燥的阳坡呈不连续岛状分布。云杉在谷底或高海拔(600～800 m)地区呈散生或小面积纯林。白桦常常在原始落叶松林火烧后形成大面积纯林或白桦落叶松混交林。在大兴安岭地区南部，火灾活动频繁，落叶松林经反复火烧破坏后已基本消失，植被以柞木、黑桦组成的林分为主。

本区的东南部(东北东部山地)地带性植被为红松阔叶林，以长白植物区系种类为主。其他的针叶树有鱼鳞云杉、臭冷杉、沙冷杉等。阔叶树种主要有蒙古栎、白桦、山杨等(胡海清等，1991)。

东北林区可燃物差异很大，有森林、灌丛、草地及沼泽。胡海清等(1991)将东北林区划分为 14 个主要可燃物类型(见表 2-2)。

表 2-2　东北主要可燃物类型及其火行为特征

可燃物类型	分布区	海拔(m)	立地条件	燃烧性	蔓延程度	林火程度	林火种类
柞椴树红松林	小兴安岭，长白山	600～900	干燥	易燃	快	强	地表火、树冠火
枫桦红松林	小兴安岭，长白山	900～1 000	湿润	难燃	慢	中	地表火、冲冠火
云冷杉林	小兴安岭，长白山	700～1 100	湿润	较难燃	较慢	中	地表火、冲冠火
樟子松林	大兴安岭北部	300～850	干燥	较易燃	较快	强	地表火、树冠火
偃松林	大兴安岭北部	>1 000	湿润	难燃	快	中	树冠火
坡地落叶松林	大兴安岭	300～1 100	较干燥	较易燃	较快	中	地表火
谷底落叶松林	大兴安岭	600～700	湿润	难燃	慢	中	地表火
人工落叶松林	全区	—	湿润－干燥	最难燃	最慢	弱	地表火
柞木林	全区	250～1 000	干燥	最易燃	最快	中	地表火、冲冠火
杨桦林	全区	200～1 000	湿润－干燥	较易燃	较快	中	地表火

续表 2-2

可燃物类型	分布区	海拔（m）	立地条件	燃烧性	蔓延程度	林火程度	林火种类
硬阔叶林	全区	300~700	湿润	较难燃	较慢	弱	地表火
灌丛	全区	—	湿润–干燥	易燃	快	中	树冠火
草甸、草地	全区	—	湿润	最易燃	最快	弱	地表火
采伐迹地	全区	—	干燥–湿润	较易燃	快	弱	地表火

第二节　数据收集和处理

本书中数据主要包括两个部分:遥感数据及非遥感的地理及观测数据。遥感数据主要包括 MOD09A1、MOD09Q1、MOD14A2、MOD17A3、Landsat TM/ETM + 影像,以及来源于 Google Earth 的高分辨率影像,作为提取黑龙江流域火烧迹地信息及监测火烧迹地植被动态变化的基础数据源。非遥感数据主要包括气象数据和土地覆被数据等。由于本书中设计的数据来源多样,数据的存储介质、数据分辨率及质量各不相同,采取有效的数据处理方法,识别和分析数据质量可以为后续研究提供可靠的数据保证,降低数据分析的不确定性。

一、MODIS 数据收集与处理

(一)MODIS 介绍

当今全球环境变化研究的关键问题是明确地球大气圈、水圈、岩石圈与生物圈之间的相互作用和相互影响。为了对大气和地球环境变化进行长期的观测与研究,美国国家宇航局(NASA)建立了陆地观测系统(EOS),以承担对陆地、海洋和大气以及三者交互作用的长期观测、研究和分析(NASA 陆地过程数据中心——LP DAAC)。

Terra 作为 EOS 观测计划中的第一颗卫星,在美国(国家宇航局)、日本(国际贸易与工业厅)、加拿大(空间局、多伦多大学)的共同合作下于 1999 年 12 月 18 日发射成功。Terra 卫星是每天上午以从北向南的方向通过赤道,故称上午星(EOS – AM1)。EOS 的第二颗星为 Aqua,于 2002 年 5 月 4 日发射成功。为了与 Terra 卫星在数据采集时间上相互配合,Aqua 卫星每天下午从南向北通过赤道,故称为下午星(EOS – PM1)。两颗星均为太阳同步极轨卫星(NASA 陆地过程数据中心——LP DAAC)。

MODIS(The Moderate Resolution Imaging Spectroradiometer)是 Terra 和 Aqua 卫星上搭载的主要传感器之一,两颗星互相配合,每 1~2 天可重复观测整个地球表面,得到 36 个波段的观测数据。空间分辨率为 250 m(2 个波段)、500 m(5 个波段)以及 1 000 m(29 个波段),扫描宽度为 2 330 km。与之前的遥感数据相比,MODIS 数据在诸多方面得到了改善,空间分辨率提高到了 250 m,而与 SPOT、TM 等数据相比,光谱分辨率也有所提高,达到了 36 个波段。MODIS 数据的波段相对较窄,减少了水汽吸收对相关波段的影响(如近红外波段),而红外波段对叶绿素将更敏感,这将大大改善植被指数的质量。多波段、高时相的 MODIS 数据在全球观测中发挥着越来越重要的作用,对于开展自然灾害与生态环境监测、全球环境与气候变化研究有着非常重要的意义。

(二)产品数据收集

MODIS 的数据产品分为大气、海洋、陆地三大块。研究中使用的为 MODIS 三级标准数据产品,包括地表反射率产品数据 MOD09A1、MOD09Q1,火灾产品数据 MOD14A2 以及 MODIS 植被净初级生产力数据 MOD17A3。

MOD09Q1 地表反射率数据包含了红光波段、近红外波段以及一个数据质量波段(Band Quality),数据的空间分辨率为 250 m,每 8 天合成一期,每年 46 期。MOD09A1 数据包含蓝光波段(459~479 nm)、绿光波段(545~565 nm)、红光波段(620~670 nm)、近红外波段(841~875 nm)、三个短波红外波段(SWIR1:1 230~1 250;SWIR2:1 628~1 652;SWIR3:2 105~2 155)、视角(view_zenith_angle)、太阳高度角(sun_zenith_angle)、相对方位角(relative_azimuth_angle)等 13 个波段信息,数据的空间分辨率为 500 m,每 8 天合成一期。

MODIS 火灾产品数据主要包括以下几种:MOD14、MOD14A1 以及 MOD14A2 产品。其中,MOD14 为 2 级产品,是基础产品数据,用于产生其他两个更为高级的数据。MOD14A1 为 3 级产品,为逐日火产品数据,而 MOD14A2 为 8 天合成的数据,分辨率均为 1 km。

为了与 MOD09A1 及 MOD09Q1 的时间分辨率相匹配,研究选取了 MOD14A2 作为基础数据。MOD14A2 包含两个波段:Fire Mask 以及 QA 波段。前者为火点信息波段,后者为像元质量信息波段。火点信息波段包含了地表可能发生火灾的信息,其属性见表 2-3。

MOD17A3 为年平均植被净初级生产力数据,用于火烧迹地的植被恢复研究。

上述 MODIS 产品数据均采用 Sinusoidal 投影系统进行全球免费发布,数据格式为 HDF。本书收集 2000~2011 年近 12 年的 MOD09A1、MOD09Q1、MOD14A2 以及 MOD17A3 产品数据,研究区共涉及 6 景 MODIS 标准分幅数据

（见图 2-2）。

表 2-3　MODIS 火产品属性

像元值	属性
0	未处理（缺失数据）
2	未处理（其他原因）
3	水体
4	云
5	非火灾区域
6	未知
7	低置信度火点
8	中置信度火点
9	高置信度火点

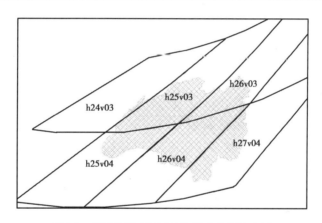

图 2-2　黑龙江流域 MODIS 标准分幅示意图

（其中，h24v03 表示 MODIS 标准分幅中的第 24 列、第 4 行数据，其余同）

（三）数据预处理

采用 NASA 网站提供的 MODIS 投影转换工具（MODIS Reprojection Tool, MRT）以及 ENVI 软件对上述产品数据进行镶嵌、投影体系及数据格式转换。本书需用到的数据为 MOD09A1 中的蓝光波段和 SWIR2 波段、MOD09Q1 中的红光和近红外波段以及 MOD14A2 中的 Fire Mask 波段。研究时间跨度较大，且时间分辨率采用 8 天的间隔，因而数据量大，每个数据集涉及 3 276（46 期/年×12 年×6 景，其中 2000 年数据从 2 月 26 日开始）个 HDF 文件，三个数据集共计 9 828 个 HDF 文件。镶嵌后分别对所需数据层进行提取。

由于数据量太大，本书采用编程对其进行处理（IDL 平台），将所需数据转换为 Albers 等积割圆锥投影。投影选择的主要依据是保证投影后面积无变形,同时尽量与已有数据的投影参数一致,以减少投影转换方面的处理,具体投影参数设置如下:

坐标系:GCS_WGS_1984;

投影:Albers 正轴等面积双标准纬线割圆锥投影;

南标准纬线:25°N;

北标准纬线:47°N;

中央经线:105°E;

坐标原点:105°E 与赤道的交点;

纬向偏移:0;

经向偏移:0;

椭球参数:D_WGS_1984 参数;

$$a = 6\ 378\ 137.000\ 0;$$

$$b = 6\ 356\ 752.312\ 4;$$

统一空间度量单位:m。

二、土地覆被数据的收集与整理

近年来,由于全球环境问题的出现以及气候变化呈严重化的趋势,全球尺度上的土地覆被产品变得越来越重要(M. A. Friedl, 2002)。土地覆被信息有着广泛的应用,如生态系统和生物多样性评估、气候变化研究和环境建模等(Brown et al., 1999; Giri et al., 2003; Loveland et al., 1999)。目前,有多类应用比较广泛的全球土地覆被产品,其中美国波士顿大学生产的全球土地覆被产品(MCD12Q1 数据集)具有较好的实效性,应用越来越广泛。MODIS 三级数据土地覆被产品(Land Cover data)是根据一年的观测数据经过处理,描述土地覆被的类型。MODIS 三级土地覆被类型年度产品(MCD12Q1)采用了五种不同的土地覆被分类方案,信息提取主要技术为监督决策树分类。五个分类方案包括(见表 2-4):IGBP 全球植被分类方案、美国马里兰大学植被分类方案、基于MODIS 叶面积指数\光合有效辐射方案、基于 MODIS 衍生净初级生产力方案、植被功能型方案。本书采用了第一个方案。MODIS 土地覆被产品的 IGBP 土地分类系统共分为 17 类,其中包括 11 个自然植被类型,3 个土地开发和镶嵌的地类以及 3 个非草木类型定义类。

MODIS 土地覆被产品数据集与其反射率产品的发布格式相同,均为 HDF格式。下载研究区所需的 6 景标准分幅数据,选择时间为 2001 年,然后对其进行数据镶嵌、投影转换及数据格式转换等处理,提取土地覆被产品数据层。

表 2-4 MODIS 土地覆被产品分类系统

DN 值	IGBP 全球植被分类方案	美国马里兰大学植被分类方案	基于 MODIS 叶面积指数\光合有效辐射方案	基于 MODIS 衍生净初级生产力方案	植被功能型方案
0	水	水	水	水	水
1	常绿针叶林	常绿针叶林	草地\谷类作物	常绿针叶植被	常绿针叶林
2	常绿阔叶林	常绿阔叶林	灌木	常绿落叶植被	常绿阔叶林
3	落叶针叶林	落叶针叶林	阔叶作物	落叶针叶植被	落叶针叶林
4	落叶阔叶林	落叶阔叶林	热带草原	落叶阔叶植被	落叶阔叶林
5	混交林	混交林	阔叶林	一年期落叶阔叶植被	灌木
6	稠密灌丛	稠密灌丛	针叶林	一年期草地植被	草地
7	稀疏灌丛	稀疏灌丛	非植被	非植被用地	谷类作物
8	木本热带稀树草原	木本热带稀树草原	城市	城市	阔叶作物
9	热带稀树草原	热带稀树草原			城市和建筑区
10	草地	草地			雪、冰
11	永久湿地				稀疏植被
12	农用地	农用地			
13	城市和建筑区	城市和建筑区			
14	农用地\自然植被镶嵌				
15	雪、冰				
16	稀疏植被	稀疏植被			
254	未分类	未分类	未分类	未分类	未分类
255	背景值	背景值	背景值	背景值	背景值

此外,课题组曾对研究区(黑龙江流域)的植被动态变化进行了研究。蔡红

艳等(2010)在对黑龙江流域进行气候分区的基础上,利用 MODIS – EVI 数据提取植被物候特征,分析了黑龙江流域 2001 ~ 2009 年的植被覆盖时空动态特征。首先,基于近 40 年的气候时间序列数据,采用空间聚类的方法进行黑龙江流域生态气候分区;然后,进行各个分区的植被覆盖分类,在满足精度要求的情况下,拼接形成黑龙江流域植被覆盖图;最后,得到研究区 2001 年及 2009 年两期土地覆盖图,其分类系统如表 2-5 所示。

表 2-5　黑龙江流域土地覆被分类系统

一级类	二级类	描述
森林	落叶针叶林	主要由年内季节落叶的针叶树覆盖
	常绿针叶林	主要由常年保持常绿的针叶树覆盖
	落叶阔叶林	主要由年内季节落叶的阔叶树覆盖
	针阔混交林	由阔叶树和针叶树覆盖,且每种树的覆盖度在 25% ~ 75%
	灌丛	木本植被,高度在 0.3 ~ 5 m
草地	郁闭草地	草本植被,覆盖度 65%
	开放草地	草本植被,覆盖度 40% ~ 65%
	稀疏草地	草本植被,覆盖度在 15% ~ 40%
农田	农田	主要由无需灌溉或季节性灌溉的农作物覆盖或需要周期性灌溉的农作物(主要指水稻)覆盖
湿地	湿地	由周期性被水淹没的草本或木本覆盖的潮湿平缓地带
其他土地覆被类型	其他土地覆被类型	主要由地表几乎没有植被覆盖或植被较稀疏,包括裸地、苔原、人工建筑用地、水体等

三、其他数据收集

(一)TM/ETM 数据

美国 NASA 的陆地卫星(Landsat)计划,从 1972 年 7 月 23 日以来,已发射 7 颗(第 6 颗发射失败)陆地资源卫星,先后携带了 MSS、TM 和 ETM + 等传感器。目前常用于火烧迹地研究的是 TM1 – 5、TM – 7 遥感数据,以及 ETM + 数据,空间分辨率为 30 m,重复周期为 16 天,包括可见光到短波红外的 6 个波段(0.45 ~ 2.35 μm)。

研究共选取了 5 景 Landsat EM/ETM 影像,分别为 2000 年 6 月、2000 年 9 月、2001 年 7 月、2006 年 8 月以及 2011 年 7 月,用以对大兴安岭地区特大森林火灾发生后不同火烈度下的植被恢复过程进行分析。各时相分别代表了火灾发生前、火灾发生后、火灾发生后 1 年、火灾发生后 6 年以及火灾发生后 11 年。条带号为 122024。

（二）气候数据集

本书中采用的气候数据来自美国国家气候数据中心（National Climatic Data Center, NCDC）。NCDC 拥有过去 150 年的气象资料，并且每天增加 224 GB 的新数据。

NCDC 有部分数据是全球免费共享的，其中的全球每天地表概要数据集（Global Surface Summary of Day）提供了全球范围内超过 9 000 个气象站点的实测气象数据。本书从中下载了黑龙江流域及其周围一定范围内的气象站点（见图 2-3）2000 年的气象数据，用以讨论环境因子对火烧迹地分布的影响。

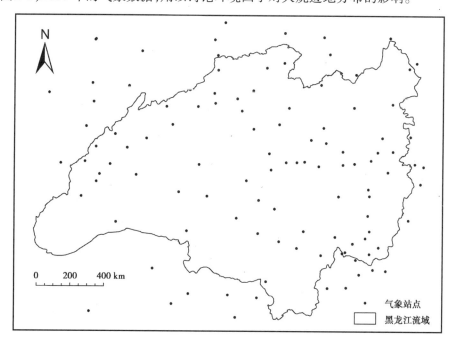

图 2-3　黑龙江流域气象站点分布图

以从 NCDC 下载的气象数据为基础，通过一系列的单位转换、统计计算等操作，获得了研究区 2000 年各站点的年平均气温、年总降水量以及 3 ~ 10 月平均气温数据。在 ArcGIS 软件中，通过空间插值的方法获得了上述气象要素的栅格数据。

（三）黑龙江省火灾统计数据

收集整理黑龙江省 2000 ~ 2005 年的火灾统计数据，包括火灾发生的时间、地点、经纬度信息、过火面积、火因以及扑救情况等,数据来源为相关林业部门(见图2-4)。

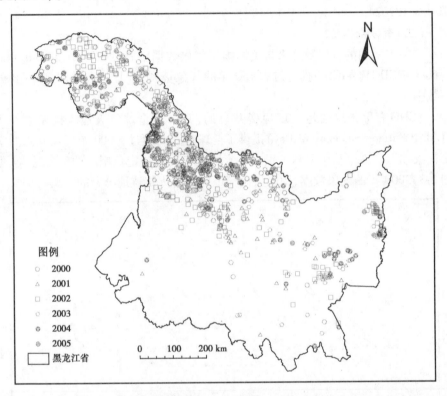

图2-4　黑龙江省2000～2005年火灾分布图

本章小结

黑龙江流域森林资源丰富,森林覆盖率高,同时也是森林火灾的频发区,特别是俄罗斯境内,其火烧迹地的植被恢复过程几乎都是自然恢复。因此,黑龙江流域成为研究火烧迹地植被恢复的理想区域。

本章首先对黑龙江流域的自然地理概况进行了介绍,并分析了黑龙江流域所处的大环境(西伯利亚地区)下的森林火灾特征以及我国东北地区的林火特征。然后详细介绍了本书所使用的各种数据集及其处理流程,包括 MODIS 产品数据集、土地覆被数据集、TM/ETM 数据、NCDC 气候数据以及火灾统计数据。本章的数据收集及处理工作,为后续黑龙江流域火烧迹地及其植被恢复研究提供了坚实的数据基础。

第三章　黑龙江流域火烧迹地信息提取及其时空格局分析

火灾是影响众多生态系统(森林、草地等)的一个重要的扰动因素。火灾对植被的结构和组成具有显著的作用,被认为是一个重要的"地表管理工具"(Maxim et al.,2010)。其中,森林火灾广泛地存在于世界众多森林生态系统中,火灾的发生将对众多的环境因素产生影响,包括生物总量、大气成分、水循环等,进而对森林资源甚至生态系统的空间分布产生重要作用(Kashian et al.,2006)。

森林火灾被广泛地认为是全球碳循环以及温室气体排放的重要影响因素(Chuvieco,2008;Goetz et al.,2006;Vander et al.,2006)。同时,森林火灾对于气候变暖也有着显著的响应(Amiro et al.,2006;Kasischke et al.,2006)。研究表明,北方森林的火灾发生范围对于温度的增加非常敏感,受气候变化的影响(Flannigan et al.,2005)。此外,还有研究认为气候变暖很有可能影响到传统的火灾循环,例如缩短火灾的周期、增大火灾尺度等(IPCC,2007;Gillet et al.,2004)。

不论是对碳循环的影响研究,还是对森林火灾与气候变暖的相关性研究,火烧迹地信息都是一个重要的基础参数。传统的火烧迹地信息主要来源于统计数据,难以覆盖较大的区域,收集较为困难,且难以将数据进行空间化。遥感技术的发展为解决这一问题提供了很好的手段,特别是随着遥感数据时空分辨率的提高,使得遥感数据能够更为准确地对地表过程进行刻画。

第一节　基于 MODIS 时序数据的火烧迹地提取方法研究

基于遥感的火灾研究主要包括火点(Active Fire)监测(Monaghati et al.,2009;Wang et al.,2010)与火烧迹地(Burn Scars)提取(Jose et al.,2012;Louis et al.,2009)两类,两者均可以产生火烧面积数据(Zhang et al.,2011)。火点监测主要是基于火灾的热学特性,使用中红外波段监测卫星过境时可能发生火灾的像元,对火点进行实时监测。火点监测的主要目的在于捕捉火灾发生的时间以及位置信息,虽然也可以产生火灾面积信息,但结果并不可靠(Kasischke et al.,2003；Giglio et al.，2006）。火烧迹地提取通过对比火灾发生前后的光谱反射特征或者光谱指数特征变化来识别火烧迹地，从而达到提取火烧面积的目的（Carl，2006；Roy et al.，2005）。这一方法的缺陷在于，一些与火灾发生具有类似光谱特征的事件较难区分，如洪水、森林砍伐以及农作物收获等导致的光谱特征变化。

在区域或者全球尺度下，为获取长时间序列的火烧迹地信息，中空间分辨率且具有高时间分辨率的遥感数据被认为是最好的选择（Emilio et al.，2008）。目前，应用最为广泛的为 NOAA/AVHRR 数据（Vafeidis et al.，2007；Pu et al.，2007；Sukhinin et al.，2004）与 MODIS 数据（Roy et al.，2002，2008）。前者由于发射时间较早，时间序列较长而被使用。但研究表明 NOAA/AVHRR 数据提取火烧迹地信息存在一定的潜在误差，主要来源于辐射的不稳定性、云污染以及辐射传输问题等方面（Barbosa et al.，1999；Martin et al.，1995；Pereira，1999）。较 AVHRR 数据，MODIS 数据在这些方面都得到了很大的改善，但其局限在于数据仅从 2000 年开始。

本节的目的在于提出一种基于 MODIS 时序数据的火烧迹地提取算法，算法要综合考虑火灾发生时的热学特性以及火灾发生前后的光谱特征变化，以提高算法的提取精度。算法应具有一定的稳定性，适用于区域尺度下的火烧迹地信息提取研究，从而为火灾的相关研究提供基础。

使用数据为 MODIS09Q1 数据以及 MODIS14A2 数据。

一、研究区

典型研究区选择为黑龙江省。黑龙江省位于欧亚大陆东部、太平洋西岸、我国的最东北部，气候为温带大陆性季风气候，冬季漫长而寒冷，夏季短暂，年平均气温低，四季温差较大，昼夜温差升降急剧。年降水量全省多介于 400～650 mm，中部山区多，东部次之，西、北部少。春季风速大，西南部大风日数较多。较高的植被覆盖度以及特有的气候条件使得黑龙江省成为受森林火灾影响最为严重的区域之一（见图 3-1）。

收集整理黑龙江省 2000～2005 年的火灾统计数据，包括火灾发生的时间、地点、经纬度信息、过火面积、火因以及扑救情况等，数据来源为相关林业部门。

鉴于 MODIS 数据空间分辨率以及火烧迹地信息提取后去除小斑块的需要，对过火面积小于 60 hm^2（约 3×3 个像元）的火灾进行剔除，最终得到研究区 2000～2005 年的火灾验证数据（见图 3-2）。

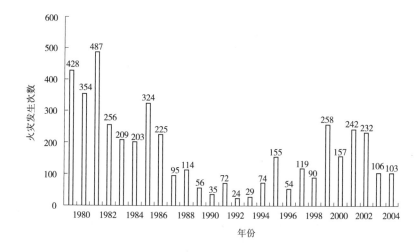

图 3-1　黑龙江省 1980～2005 火灾发生次数

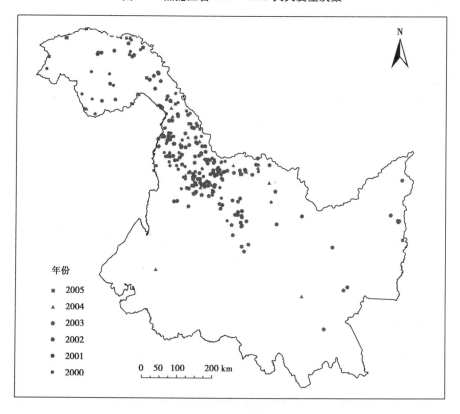

图 3-2　作为验证数据的火灾发生位置(2000～2005 年)

二、火烧迹地提取方法

(一)判别指数选取

火烧迹地识别方法是通过比较火灾发生前后的光谱特征变化来提取火烧面积的,因而需要选取适合的光谱指数来进行表征,如 NDVI、BBFI(Burned Boreal Forest Index)、GEMI(Global Environmental Monitoring Index)以及 BAI(Burned Area Index)等。其中,NDVI 的应用最为广泛。NDVI 能够很好地对植被覆盖进行描述(Fraser et al. , 2000;Kucera et al. , 2005),但研究表明,NDVI 在植被覆盖度较高的地区容易达到饱和(Cai et al. , 2011),且在火烧迹地信息提取中存在较大的潜在误差(Chuvieco et al. , 2002;Pereira, 1999)。因此,我们选用 GEMI(Pinty et al. , 1992)作为识别火烧迹地的主要判别指数,其计算公式如下:

$$GEMI = \eta \times (1 - 0.25\eta) - (\rho_{red} - 0.125)/(1 - \rho_{red})$$

$$\eta = [2(\rho_{nir}^2 - \rho_{red}^2) + 1.5\rho_{nir} + 0.5\rho_{red}]/(\rho_{nir} + \rho_{red} + 0.5) \qquad (3-1)$$

其中,ρ_{nir} 和 ρ_{red} 分别为近红外波段和红光波段。火灾发生后 GEMI 表现出显著的下降(见图3-3)。

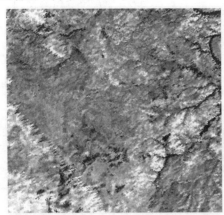

图3-3　火灾发生前后 GEMI 变化示意图(2005 年 10 月呼玛县特大森林火灾)

为了避免采用单一光谱指数所带来的潜在误差,我们选择了另一个光谱指数 BAI 来做进一步的限定,其计算公式如下:

$$BAI = 1/[(\rho_{nir} - \rho_{cnir})^2 + (\rho_{red} - \rho_{cred})^2] \qquad (3-2)$$

其中,ρ_{cnir} 和 ρ_{cred} 分别被设定为 0.06 与 0.1。火灾发生后 BAI 值表现出显著的上升(见图3-4)。

除此之外,在比较火灾发生前后光谱特征变化的同时,为了考虑火灾发生时的热学特性,即温度异常,我们将 MODIS 火产品数据作为一个输入波段加入到

图3-4　火灾发生前后 BAI 变化示意图(2005 年 10 月呼玛县特大森林火灾)

判别流程,以提高判别精度。

(二)判别流程

火烧迹地提取方法以一个火烧迹地两步提取算法为基础。该算法针对 AVHRR 数据提取火烧迹地,因此对该算法进行了调整以用于 MODIS 时间序列数据,同时在算法中加入了 MODIS 火产品数据,提高了判别精度。最终形成了基于 MODIS 数据的森林火灾火烧迹地提取方法。

火烧迹地的识别流程主要分为两个阶段:首先,设定较为严格的判别阈值以提取火烧的核心像元——火灾最有可能发生的像元。这一阶段的主要目标在于尽可能地减小错判误差,因而需要对火灾发生前后的光谱指数变化设定严格的阈值,同时考虑火灾发生时的热学特性来进行判别。其次,对第一阶段提取的核心像元一定距离范围内的光谱指数变化特征进行判别,设定较为宽松的阈值,以尽可能减小漏判误差。火烧迹地提取方法流程如图 3-5 所示。

第一阶段的提取过程以 GEMI、BAI 以及 MOD14A2 产品为基础,具体的判别条件如下:

首先,火灾发生之前的 GEMI 值必须大于一定的阈值,以确保判别区域为植被覆盖。

$$GEMI_{t-1} > 0.170 \tag{3-3}$$

其中,t 为时间(下同)。选择数据为 MODIS – 8 天合成数据,每年共34 期数据,因此 t 的范围为: $0 < t \leqslant 34$ 。

火灾发生后,GEMI 值必须表现出显著的下降,且这一下降过程必须持续一定的时间,以区分由云污染等造成的 GEMI 值的短暂下降。这一过程通过以下两个判别条件来实现:

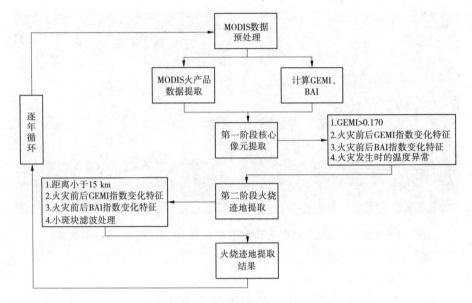

图 3-5 火烧迹地提取方法流程

$$(GEMI_t - GEMI_{t-1})/GEMI_t < - 0.1 \qquad (3-4)$$

$$(GEMI_{t+2} - GEMI_{t-1})/GEMI_{t+2} < - 0.1 \qquad (3-5)$$

其次,我们使用 BAI 指数来对火烧像元做进一步的限定。火灾发生后,*BAI* 值显著增加,其判别条件如下:

$$BAI_t > 250 \quad 且 \quad BAI_{t-1} > 200 \qquad (3-6)$$

最后,我们使用 MODIS 火产品数据来对火烧像元进行掩膜,以保证光谱指数变化前,所提取像元表现出温度异常的特征。

$$\rho_t > 6 \quad 或者 \quad \rho_{t-1} > 6 \qquad (3-7)$$

其中,ρ 为 MODIS 火产品数据像元值。

第二阶段的判别过程以第一阶段提取的核心像元为基础,采用较为宽松的阈值来对邻近像元进行判别。在对研究区的火灾发生特征进行分析之后,距离核心像元的最大距离被设定为 15 km。第二阶段的火烧迹地信息提取,仅对核心像元 15 km 范围内像元进行判别,判别条件如下:

$$GEMI_t - GEMI_{t-1} < - 0.03 \qquad (3-8)$$

$$GEMI_{t+1} - GEMI_{t-1} < - 0.02 \qquad (3-9)$$

$$GEMI_{t+2} - GEMI_{t-1} < 0 \qquad (3-10)$$

$$GEMI_{t+1} - GEMI_t \leq 0 \qquad (3-11)$$

$$BAI_t > 250 \qquad (3-12)$$

最后,将两个阶段的提取结果进行合成。采用一个 3×3 窗口的变换核,对合成结果进行滤波处理,消除提取过程中产生的小斑块。

三、提取结果及精度验证

(一)提取结果

统计数据显示,黑龙江省 2000～2005 年受火灾影响严重,平均每年发生火灾 183 起。其中,2000 年、2002 年及 2003 年较为严重,分别发生火灾 258 起、242 起以及 232 起。6 年里总过火面积 137 万 hm^2,平均每年 22.9 万 hm^2。过火面积最大为 2003 年,达 79.7 万 hm^2。2003 年黑龙江省不仅火灾发生次数较多,而且发生数起过火面积大于 1 万 hm^2 的特大森林火灾,其中最大的一场火灾发生于 2003 年 5 月,呼玛县与塔河县交界处,过火面积超过 30 万 hm^2。受火灾影响最为严重的县市包括呼玛县、嫩江县、逊克县、孙吴县以及黑河市辖区等,几乎每年均有过火面积超 1 万 hm^2 的特大森林火灾发生。

基于上述算法,对黑龙江省 2000～2005 年的火烧迹地信息进行了提取,并且以统计数据为验证数据,对结果进行验证(见图 3-6)。

(二)精度验证

利用 2000～2005 年火灾发生的经纬度信息(见图 3-2)对提取结果进行错判以及漏判分析(见表 3-1)。由于验证数据仅提供了火灾发生的位置,因而不能对提取结果进行空间化(逐像元)的误差分析。以火灾发生的位置信息为参照,对提取结果进行分析,两者一致则认为提取结果正确。如果在标有火灾发生的位置没有提取出火烧迹地信息,被认为是漏判;相反,在没有标出火灾发生的位

(a)2000年火烧迹地分布

(b)2001年火烧迹地分布

图 3-6　2000～2005 年火烧迹地分布

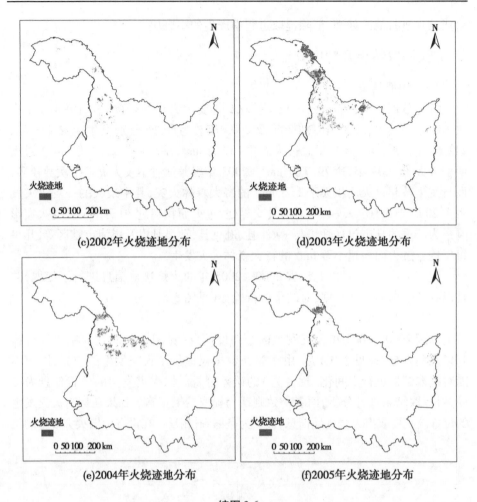

(c)2002年火烧迹地分布　　　　　(d)2003年火烧迹地分布

(e)2004年火烧迹地分布　　　　　(f)2005年火烧迹地分布

续图3-6

置,却提取出火烧迹地信息,认为是错判。但是,虽然 MODIS 产品数据经过了几何校正,但仍具有一定的误差,因此提取的火烧迹地信息未必能与用于验证的经纬度信息完全一致,特别是当发生火灾过火面积较小时,这一情况可能更为明显。而且用于验证的经纬度信息为点状信息,用以对提取结果进行验证(面状信息)存在一定的困难。所以,对火烧迹地进行漏判以及误判评估只能做一个大致的判断,即对验证经纬度信息一定范围内所提取的火烧迹地进行评估。

此外,我们将提取结果的面积进行汇总并与验证数据进行了比较(见表3-1)。结果显示,2000～2005 年每年均有一定的漏判以及错判误差存在,且提取的火烧迹地面积均小于验证数据,总体精度为71%。其中,提取面积精度最高为2002 年,达84%;提取面积精度最低为2003 年,精度为61%。

表 3-1　火烧迹地提取验证

时间（年）	2000	2001	2002	2003	2004	2005
火灾发生次数（起）	88	61	33	62	27	10
提取火灾次数（起）	83	53	36	68	25	13
漏判（起）	21	23	8	11	9	3
错判（起）	16	15	11	17	7	6
提取面积（hm²）	50 541.4	81 837.17	45 244.2	486 747	155 413	93 757.7
验证数据（hm²）	76 613.9	128 233.9	53 352.85	797 247.6	185 547.2	132 247.8

相对于以往选择过火面积大于 200 hm² 的森林火灾进行验证的算法研究（Emilio et al.，2008），基于 MODIS 数据空间分辨率以及提取结果滤波处理的需求，我们将过火面积大于 60 hm² 的森林火灾作为验证数据，提高了对算法精度的要求。结果显示，虽然算法的漏判以及误判精度均有所提高，但主要的漏判误差仍来源于 100 hm² 左右的森林火灾。证明由于遥感数据空间分辨率的局限，算法对于面积较小的火烧迹地提取具有一定难度。而空间分辨率相对较高的遥感数据，如 TM 数据，其时间分辨率却难以满足火烧迹地信息提取的要求。

此外，算法对于过火面积大于 10 万 hm² 的特大森林火灾的火烧迹地信息提取也存在较大的误差，需要改进。以发生于呼玛县境内的 2003 年 5 月以及 2005 年 10 月的两次特大森林火灾为例，前者过火面积逾 30 万 hm²，后者过火面积逾 10 万 hm²，这两场火灾的提取效果均不太理想，所提取面积远小于验证数据。而研究区每年均有面积较大的特大森林火灾发生，这就成为提取面积精度较低的主要原因。

通过以上分析可以认为，本书提出的火烧迹地提取方法具有一定的可靠性，可以根据提取结果进行比较宏观的研究。而且本书的最终目的是研究林火迹地的植被恢复过程，研究只需识别与提取具有不同植被恢复特征的少部分迹地即可，因此火烧迹地提取的完整性对研究结果的影响会有所减弱。

第二节　黑龙江流域火烧迹地特征分析

一、黑龙江流域火烧迹地信息提取

借助上一节所验证的火烧迹地提取方法，以 MOD09Q1 数据以及 MOD14A2 数据为基础，对黑龙江流域 2000 ~ 2011 年的火烧迹地信息进行了提取（见

图3-7）。

二、黑龙江流域火烧迹地分布特征分析

（一）年际变化

将黑龙江流域的火烧迹地面积进行逐年汇总,从而得到流域逐年的火烧迹地面积统计数据(见图3-8)。

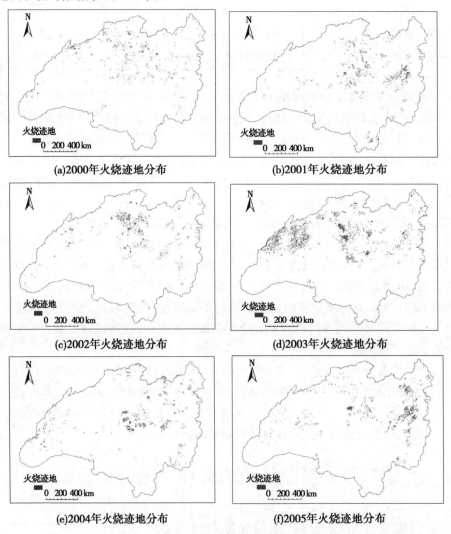

(a)2000年火烧迹地分布　　　　　(b)2001年火烧迹地分布

(c)2002年火烧迹地分布　　　　　(d)2003年火烧迹地分布

(e)2004年火烧迹地分布　　　　　(f)2005年火烧迹地分布

图3-7　黑龙江流域火烧迹地分布(2000～2011年)

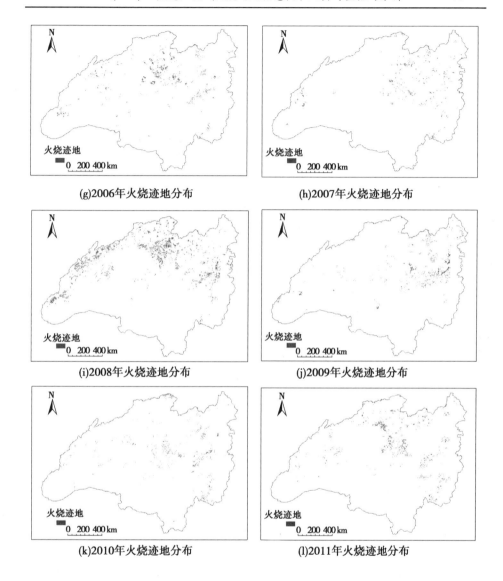

(g)2006年火烧迹地分布　　　　　(h)2007年火烧迹地分布

(i)2008年火烧迹地分布　　　　　(j)2009年火烧迹地分布

(k)2010年火烧迹地分布　　　　　(l)2011年火烧迹地分布

续图3-7

由图3-8可知,黑龙江流域2000~2011年受火灾影响较为严重,年均过火面积达53.21万 hm²。火灾发生最严重的年份为2003年,面积为146.79万 hm²;而受火灾影响最小的年份为2010年,过火面积仅有18.39万 hm²,差距较大。火灾发生较为严重的年份还包括2008年,过火面积也超过了百万公顷,达119.41万 hm²。其他年份受火灾影响较为平均,其中2005年相对较为严重,面积为62.41万 hm²;其次为2001年、2002年、2004年以及2011年,火烧迹地面积

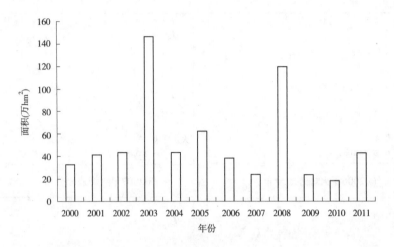

图 3-8 黑龙江流域火烧迹地面积变化

分别为 41.55 万 hm²、43.83 万 hm²、43.59 万 hm² 以及 43.23 万 hm²；最后为 2000 年、2006 年、2007 年以及 2009 年，火烧迹地面积分别为 33.08 万 hm²、38.87万 hm²、24.01 万 hm² 以及 23.41 万 hm²。

（二）各气候分区下的火烧迹地分布

蔡红艳等（2010）使用月平均气温和降水数据，采用空间聚类方法对黑龙江流域进行了生态气候分区（见图 3-9）。

图 3-9 显示，黑龙江流域分为三个生态气候亚区，每个生态区中多年平均气温与降水量均存在差异：生态气候 3 区的年均降水量最大，生态气候 2 区次之，而生态气候 1 区最小，3 个生态气候区年均降水量分别为 602 mm、502 mm 和 340 mm；生态气候 1 区年均气温为负值，而其他两个分区年均气温均为正值，生态气候 1 区、2 区以及 3 区的年平均气温分别为 −2.33 ℃、3.04 ℃和 1.56 ℃。

以上述生态分区为基础对火烧迹地面积进行统计，得到图 3-10。可以看出，生态气候 3 区每年的火烧迹地面积均为最大，平均值为 36 万 hm²；其他两个分区年均火烧迹地面积较小，分别为 1 区 10.2 万 hm²、2 区 7.01 万 hm²。生态气候 1 区和 2 区的火烧迹地面积最大值出现于 2003 年，分别为 53.18 万 hm² 和 18.75 万 hm²，生态气候 3 区的最大值出现于 2008 年，为 87.18 万 hm²，对应于火灾发生最为严重的两个年份。而各分区火烧迹地面积最小年份，1 区和 2 区为 2001 年和 2007 年，只有 3 区为 2010 年，与火灾发生最少年份相对应，各年份的火烧迹地最小值分别为 1.62 万 hm²、2.36 万 hm² 及 10.71 万 hm²。生态气候 1 区和 3 区最大值和最小值之间的差距较大，而生态气候 2 区差距较小，表明 1 区和 3 区火灾发生具有一定的波动性，而 2 区则较为稳定。其原因可能在于 1

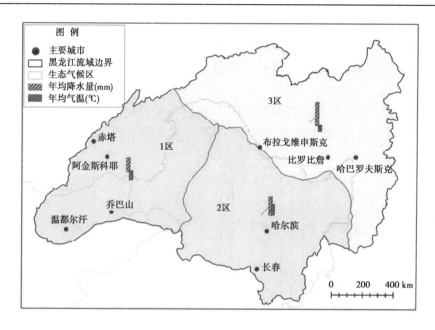

图 3-9　黑龙江流域生态气候分区

区和 3 区主要位于俄罗斯境内,而 2 区则主要位于中国境内,前者受人类活动干扰较少,一旦发生大规模火灾往往任其自由发展,不加控制,而后者则会通过各种森林火灾扑救手段对火灾进行控制。

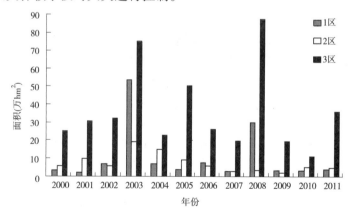

图 3-10　各气候分区火烧迹地面积

(三)基于土地覆被类型的火烧迹地分布

以 MODIS 土地覆被产品为基础,即 MCD12Q1 产品,对黑龙江流域 2001 年的土地覆被进行提取。选择覆盖研究区的 3 景 MCD12Q1 产品,采用 NASA 网站提供的 MODIS 重投影工具(MODIS Reprojection Tool)对所下载产品进行镶嵌、投影体系以及数据格式转换,并提取 land_cover_type_1 数据层,从而得到研究区2001 年的土地覆被图。数据遵循了 GIBP 的土地覆被分类系统,共分为 17 个土地覆被类别。

将数据原有土地覆被类型进行归并,最终分为针叶林、阔叶林、混交林、灌丛、草地、农田及其他,共 7 类,并以此为基础对火烧迹地进行统计分析,得到图 3-11。

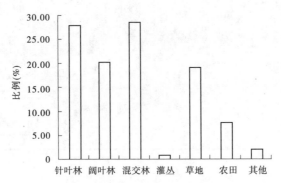

图 3-11　各土地覆被类型火烧迹地所占比例

由图 3-11 可以看出,混交林和针叶林所占火烧迹地面积比重最大,分别达到 27.77% 和 26.86%,阔叶林及草地次之,分别为 19.35% 和 18.21%,剩余土地覆被类型所占比重均较小。林地火烧迹地面积占总面积的 73.98%,表明研究区森林受火灾影响严重,且黑龙江流域主要火灾类型表现为森林火灾。因此,研究黑龙江流域森林火烧迹地的植被恢复过程对于区域的生态系统结构以及功能的恢复有着重要的意义。

三、环境影响因子分析

火灾作为一种自然灾害,其发生、发展受各种环境因子的影响,如气温、降水、风速等。这里以年平均气温、年总降水量以及 3~10 月平均气温为切入点,分析了环境因子对于火烧迹地分布特征的影响。

以 NCDC 下载的气象数据为基础,通过空间插值的方式获取了黑龙江流域年平均气温、3~10 月平均气温以及年总降水量的栅格数据。根据火烧迹地的位置信息,从插值生成的数据中提取了每个火烧迹地(像元)在它形成时的年平均气温、3~10 月平均气温以及年总降水量信息,用以进行相关分析。其中,气温单位为 0.1℃,降水量单位为 0.1 mm。

图 3-12 以 2000 年为例分析了火烧迹地的空间分布特征与环境因子之间的

相关关系。

从图3-12(a)中可以看出,火烧迹地总体分布在年平均气温介于–8~6 ℃的区域,而在迹地形成年,黑龙江流域的年平均气温为–11~9 ℃,在年平均气温最低或者最高的地区均无火灾发生。大部分的火烧迹地位于–6~3 ℃,占火烧迹地总面积的90%以上,且火烧迹地面积较大的几个峰值均出现于年平均气温在0℃以下的地区,分别为–5 ℃、–3 ℃和–1 ℃附近。当年平均气温大于0 ℃后,火烧迹地面积开始下降,只有在1.7 ℃附近时发生较大波动。

黑龙江流域火灾多发生于春、秋两季,且夏季也有一定数量火灾发生,而冬季由于冰雪覆盖,很少有火灾发生。因此,我们统计了黑龙江流域3~10月的平均气温,并对其与火烧迹地面积的关系进行了分析（见图3-12(b)）。从图中可

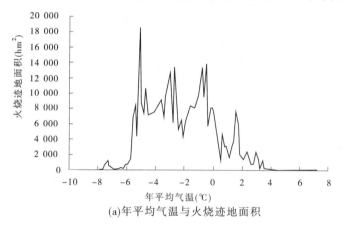

(a)年平均气温与火烧迹地面积

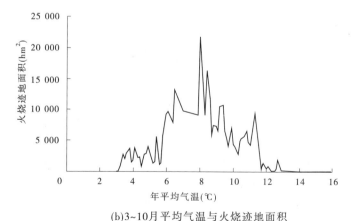

(b)3~10月平均气温与火烧迹地面积

图3-12　环境因子与火烧迹地面积关系

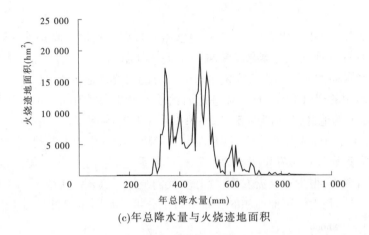

(c)年总降水量与火烧迹地面积

续图 3-12

以看出,3~10月平均气温与火烧迹地面积有着较强的相关性,主要表现为火烧迹地面积最大值出现于8℃附近,然后向两侧递减,当气温大于13℃或者小于3℃时,无火灾发生。在迹地形成当年,黑龙江流域3~10月平均气温介于2~17℃,在气温最低或最高的区域同样均有火灾发生,表现出与年平均气温相同的趋势。

图3-12(c)显示了年总降水量与火烧迹地面积之间的相关关系。可以看出,火烧迹地分布于年降水量介于200~900 mm的区域。而在年总降水量300~600 mm时,火烧迹地的形成最为活跃,面积最大值均位于这一范围之内。当降水量位于这一范围之外时,火烧迹地面积迅速下降。

本章小结

本章提出了基于MODIS时序数据的火烧迹地提取算法,并首先以黑龙江省为典型研究区对算法精度进行了验证。火烧迹地提取算法的基础为火灾发生前后光谱指数的变换。火灾的发生造成地表植被的严重破坏,在遥感影像上表现为植被指数的显著变化。本书选取GEMI以及BAI作为火烧迹地信息提取的基础判别指数,并引入MODIS火产品数据作为火灾发生时的温度异常表征,形成迹地提取算法指标体系。算法分为两个阶段:①设定较为严格的判别阈值以提取火烧的核心像元——火灾最有可能发生的像元。这一阶段的主要目标在于尽可能地减少错判误差,因而需要对火灾发生前后的光谱指数变化设定严格的阈值,同时考虑火灾发生时的热学特性来进行判别。②对第一阶段提取的核心像元一定距离范围内的光谱指数变化特征进行判别,设定较为宽松的阈值,以尽可能减少漏判误差。

其次,以黑龙江省为典型研究区对算法进行了验证。黑龙江省较高的植被覆盖度以及特有的气候条件使其成为受森林火灾影响最为严重的区域之一,年均发生火灾183起。以黑龙江省2000~2005年火灾统计数据为基础,对算法进行验证。结果显示,算法存在一定的漏判及错判误差,提取的火烧迹地面积均小于验证数据,总体精度为71%。精度最高的年份为2002年,达80%;精度最低的年份为2003年,为61%。较以往的算法,算法的漏判以及错判精度均有所提高。主要的漏判误差来源于100 hm^{2}左右的森林火灾,其原因可能在于MODIS数据空间分辨率的限制。

最后,采用以上算法,对黑龙江流域2000~2011年的火烧迹地信息进行了提取,生成黑龙江流域火烧迹地分布图。以火烧迹地分布图为基础对黑龙江流域火烧迹地的年际变化以及空间分布格局进行了分析,并对火烧迹地与环境因子之间的相关关系进行了探讨。

综上所述,本章提出了基于MODIS时序数据的火烧迹地提取算法,并最终生成了黑龙江流域12年的火烧迹地分布图,其精度可满足之后的火烧迹地植被恢复研究。

第四章　基于遥感物候参数的森林火烧迹地植被恢复研究

植被物候能够很好地表征地表植被的变化过程,这一变化的原因既可以是全球气候变化的影响,也可以是诸多干扰因素的影响。植被物候参数是一个敏感而且直接的生物指示器(Chmielewski et al., 2001),其研究也日益受到重视,不仅由于植被物候便于观测、能够快速响应气候变化(Menzel, 2000),而且植被物候的改变能够影响陆地生态系统过程和服务(Noormets, 2009; Richardson et al., 2010),进而反作用于全球气候变化,对其产生影响。

传统的植被物候的获取主要依靠观察员通过目视观察记录特定站点的各种动植物物候期(中国科学院地理研究所,1965; Cleland et al., 2007),具有客观、准确的特点,与局域或小区域的气候关系密切(Crimmins et al., 2010; Askeyev et al., 2010),但其缺点在于这只能是定点、定株或者对特定物种的观测,且在许多不具备可达性的地区难以获得数据,因此全球许多地区缺乏覆盖面广、时间序列长的物候观测数据,难以进行大尺度的植被物候时空分析。

近年来,遥感数据开始广泛应用于植被物候研究,主要因为遥感技术以时空近连续的方式监测陆地表面植被动态,能够反映植物生长发育的季节与年际变化的状态,具有将特定植物物候观测延展到完整和连续的景观物候格局的潜力(Betancourt et al., 2005)。遥感技术的出现与发展为植被物候研究提供了新的技术手段和发展机遇。

如上所述,植被物候参数是地表植被动态变化的敏感指示器。因此,我们选择植被物候参数作为森林火灾发生后火烧迹地植被恢复过程的定性特征。本章在对遥感植被物候期内涵理解的基础上,利用模型方法反演黑龙江流域 2000 年森林火灾火烧迹地 2001~2011 年的植被物候,通过分析火灾发生后的植被物候参数变化,对火烧迹地的植被恢复过程进行研究。

第一节　植被物候参数提取

一、植被物候的内涵

(一)传统的植被物候界定

物候学是研究自然界以年为周期重复出现的各种生物现象的发生时间及其环境条件(气候、水文和土壤)周期性变化相互关系的科学(竺可桢等,1999)。物候现象如树木的开花、落叶,鸟类的迁徙等活动不仅是当时环境条件的反映,同时也表征了过去一段时间内环境状况的积累(陈效逑等,2009;Schwartz et al.,1998)。正因为如此,物候现象是植被乃至环境条件变化的敏感指示器,物候现象发生时间的改变可以反映陆地生态系统短期的变化特征(Chen et al.,2005)。

传统的植被物候观测中,将一年当中植被生长的关键物候期做如下界定。

萌动期:在观测中,当芽的鳞片开始分开,侧面显露出淡色的线形或角形,即为芽膨大开始期;当芽的鳞片裂开,芽的上部出现绿色尖端则为芽开发期。

展叶期:木本植物开始展叶期为第一批(10%)小叶开始展开的日期;在观测的树上有一半枝条的小叶完全展开则为展叶期。

叶秋季变色期:当观测的树木中有10%的叶子呈现秋天的颜色,为秋季叶子变色期开始;当完全变色时为秋季全部变色期。

落叶期:当观测的树木秋季开始凋落叶子(轻轻摇动树枝,就落下3~5片叶子,或在没有风的情况下,叶子一片一片落下就称为落叶)的日期定义为开始落叶期,而树上的叶子几乎完全脱落时则为落叶结束期(中国科学院地理研究所,1965)。

(二)基于遥感的植被物候

遥感监测的植被物候也称为陆地表明物候(Land Surface Phenology, LSP; Noormets,2009),被定义为遥感观测的植被覆盖的陆地表明季节性变化格局(Friedl et al.,2010)。

基于遥感的植被物候用于描述整个景观生态系统的物候变化,与传统观测的特定物种的物候事件无关。因此,传统的植被物候界定已经不再适用于基于遥感的物候研究(武永峰等,2002)。由于研究侧重的内容存在区别,对年内物候参数的界定及其阶段划分也存在差别。Moulin等(1997)将植被的季节循环划分为休眠期、生长期和衰老期3个阶段,整个过程反映了时间序列植被指数曲线上,NDVI从低到高直至达到最大值,然后开始降低,返回最小值的过程。Xin

等(2002)根据研究区一年两熟农作物的生育期特征,将其物候季相变化划分为冬小麦的返青期、抽穗期和成熟期以及夏季玉米的出芽期、抽穗期和成熟期。Zhang 等(2003)认为基于遥感监测的植物物候期主要以 4 个关键的转换日期为特征,分别为返青期、成熟期、衰老期和休眠期。

总的来说,基于遥感的植被物候监测主要侧重于植被生长季的确定,包括生长季的开始和结束日期。植被的生长季主要指"一年中某种植物可以生长的天数",根据划分的参考依据不同,可以分为气温生长季、物候生长季及遥感生长季(张学霞等, 2003)。基于遥感监测的植被开始生长的日期应该是植物群落大多数植物开始展叶并正常发育的日期,而植被生长季的结束日期则是植物群落大多数植物开始衰退进行休眠的日期。

随着遥感技术更加广泛的应用与植被物候研究,许多传统的物候参数也得到新的诠释,并发展了一些表征其他植被物候特征的参数,如表征植被"变绿"或"变褐"速率的生长速率和凋落速率(Eklundh et al. , 2009),表征植被生长最佳状态的生长季植被指数的最大值等(Hickler et al. , 2005)。

(三)植被物候遥感监测的基本原理

目前,遥感监测植被物候多是利用光学遥感数据,其原理是利用植物在可见光和红外波段独特的光谱特征。植物在蓝光波段和红光波段上有 2 个吸收带,反射率较低,在这两个吸收带之间 0.55 μm 处有一个反射峰,位于绿光波段。在 0.7 μm 附近,由于植被绿色叶子很少吸收该波段的辐射能,从而反射率急剧上升,直至 1.1 μm 近红外波段范围内,反射率值达到高峰,这就形成了植被特有的光谱特征。中红外波段(1.3 ~ 2.5 μm)受到植物体内含水率的影响,吸收率增加,反射率下降,特别是在水的吸收带形成低谷。植被的这种波谱特征常常因为植被类型、季节、病虫害和含水率等的变化而有所差别。因此,可以通过植物反射率的变化对其季节性差异进行分析。

二、植被指数

基于遥感的植被物候监测主要是基于植被指数的季节曲线(Moulin et al. , 1997;Zhang et al. , 2003)。因此,在利用遥感手段进行植被物候监测时就必须选择适合的植被指数。

植被指数是指利用多光谱遥感数据,经分析运算(线性或非线性组合方式)产生的某些对植被长势、生物量等有一定指示意义的数值。它是一种简单而有效的形式——仅用光谱信号,并不需要其他的辅助资料,同时也没有任何假设条件,能够实现对植被状态信息的表达,用以定性和定量地评价地表植被覆盖、生长活力及生物量等(宋小宁等,2003)。

基于遥感的植被物候研究中使用较早的植被指数为归一化植被指数（Normalized Difference Vegetation Index，NDVI），该指数自提出以来，由于其稳定性及长期积累下来的数据和研究成果与经验，已经广泛地应用于植被遥感监测（Martinez et al. , 2009）、土地覆被制图（Loveland et al. , 2000；Liu et al. , 2003）、作物识别（Wardlow et al. , 2008）等研究领域。NDVI 实际上是近红外波段和红光波段的归一化比值，可以部分消除与太阳高度角、卫星观测角、地形、云\阴影和大气条件有关的辐照度条件变化等影响（宋小宁等，2003）。NDVI 作为植被的度量指标相当成功，但仍有一些缺陷。主要表现在：NDVI 在高生物量区域容易饱和，其原因不仅在于红光波段容易饱和，而且它所使用的比值算法是对近红外和红光波段的非线性拉伸，结果是增强了低值部分，抑制了高值部分，从而对高生物量区域表现出较低的敏感性，容易出现信号饱和（赵伟等，2007）。此外，NDVI 没有考虑树冠背景对植被指数的影响，而且 NDVI 的比值算法以植被指数的饱和为代价来减小大气影响，因此对大气干扰的处理也相当有限（王正兴等，2003）。

增强型植被指数（Enhanced Vegetation Index，EVI）是用 MODIS 数据开发的植被指数产品，它是对 AVHRR - NDVI 的继承和改进。它以 MODIS 传感器本身的丰富信息以及长时间积累的对 MODIS 数据和遥感植被指数的研究经验为基础，在植被指数的算法上做了改进。EVI 通过消除树冠的背景信息和减小大气的影响，提高了植被指数对高生物量区域的敏感度和植被监测能力。其计算公式如下：

$$\text{EVI} = G\frac{\rho_{\text{nir}} - \rho_{\text{red}}}{\rho_{\text{nir}} + C_1\rho_{\text{red}} - C_2\rho_{\text{blue}} + L} \tag{4-1}$$

式中，ρ 是经过去云处理、大气校正处理以及残留气溶胶处理等之后的地表反射率；L 是树冠背景调整参数；C_1 和 C_2 均为大气调整参数，用蓝光波段纠正红光波段中的大气影响，通常情况下取 $L=1$，$C_1=6$，$C_2=7.5$；G 为增益系数，取 2.5。

EVI 指数的计算方式从根本上改变了消除大气噪声的方法，避免了植被指数饱和的问题，同时进一步减小了气溶胶和土壤背景对植被指数的影响。相关比较研究表明，纵观所有生物气候样点的植被指数，NDVI 似乎更好地表达了大气候带植被的空间差异，而 EVI 似乎更好地描述了特定气候带内植被不同季节的差异（王正兴等，2006）。而且 MODIS - EVI 与 MODIS - NDVI 相比，EVI 与初级生产总量（Gross Primary Produntion，GPP）和陆地表面温度（Lans Surface Temperature，LST）的相关关系更密切（Sirikul，2006），同时，EVI 所表现的针叶林和阔叶林的季节动态差异更为明显（Huete et al. , 2002），能够更好地反映区域内的植被空间差异（李红军等，2007）。

综上所述,EVI 能够更好地反演植被的空间差异以及季节性变化。因此,本书采用 EVI 作为提取森林火烧迹地植被物候参数的基础植被指数,通过长时间序列 MOD09Q1 以及 MOD09A1 数据计算生成 EVI 时间序列数据,进而提取植被物候参数,对研究区域内森林火烧迹地的生态恢复过程进行监测。

三、时间序列遥感数据噪声处理

利用 MODIS 地表反射率产品计算生成了黑龙江流域 2001~2011 年 EVI 时间序列数据集。虽然 MODIS 产品数据经过了去云处理、大气校正处理和残留气溶胶处理等步骤的校正,力求从源头开始减小误差,但仍不能完全消除云污染及其他噪声的干扰。同时,由于这些因素在时间上出现的随机性,使得时间序列数据的变化可能呈现出不规则的状态,使得时间序列数据具有较大波动,相邻植被指数值的高低变化没有规律,植被指数曲线季节变化趋势不明显,从而也无法进行各种趋势分析和信息提取(于信芳等,2006)。因此,需要进一步对 EVI 时间序列数据进行平滑处理,重建高质量的 EVI 时间序列数据集,满足研究的需要。

目前,植被指数时间序列数据集重建的方法主要分为时间域处理算法和频率域处理算法,时间序列谐波分析算法(Harmonic Analysis of Time Series, HANTS)和 Savitzky – Golay(S – G)滤波就是两种具有代表性并且应用广泛的算法。

HANTS 算法主要考虑构建时间光谱曲线最明显的频率,分析基于谐波成分(sin,cos)进行最小二乘拟合。输入数据点中如果存在偏离当前光谱曲线较大的异值点,则采用设置其权重为 0 的方式将其去除。再根据剩余点重新计算系数,这个过程会重复进行,直到最大误差可接受或剩余点数很少。由于利用 HANTS 算法不但可以重新生成无云的影像,而且可以降低数据量,生成与植物物候参数相关的振幅和相位成分,处理后的植被指数能够有效地揭示出所蕴含的物候周期变化规律(Roerink et al. , 2000)。该算法已经广泛地应用于土地覆被分类和植被物候监测研究(Roerink et al. , 2003;于信芳等, 2006;左丽君等, 2008)。

S – G 滤波是 Savitzky 和 Golay 提出的多项式平滑滤波算法,可以理解为采用一个滑动窗口对数据进行加权平均,其权重是根据窗口内给定的高阶多项式最小二乘拟合而定。该方法可用如下公式表示:

$$Y_j^* = \frac{\sum_{i=-m}^{i=m} C_i Y_{j+1}}{N} \tag{4-2}$$

式中,Y 为植被指数(EVI)原始值;Y^* 为重构后的 EVI 值;C_i 为第 i 个 EVI 值滤波系数;m 为窗口宽度;N 为卷积数目,等于滑动数组的宽度 $N = 2m + 1$;j 为原始 EVI 数组的系数。

利用 Savitzky – Golay 滤波法进行 EVI 时间序列逐渐重建,其原理就是借助 EVI 数据上的包络曲线来拟合 EVI 时间序列数据的变化趋势,通过一个迭代过程使得 Savitzky – Golay 拟合效果最优化,最终重构平滑的 EVI 时间序列数据变化曲线。具体过程为:首先,对整个 EVI 时间序列数据的长期变化趋势进行拟合,将 EVI 原始值分为"真值"和"假值"两类;再通过局部循环迭代方式使得"假值"点的 EVI 值被 Savitzky – Golay 拟合值所替代,与"真值"点合成新的 EVI 曲线;然后,重复上述拟合过程,使得拟合结果更接近于 EVI 时间序列数据上的包络曲线。

HANTS 滤波和 S – G 滤波的比较研究表明(蔡红艳,2010),两者均能够有效地消除噪声影响,重建高质量的 EVI 数据集,还原真实的地表状态。但 S – G 滤波后的 EVI 数据集更能表现出地物之间的差异,更大程度地保留了地物本身的信息。因此,在时间成本相近的情况下,S – G 滤波能够有效地对原始 EVI 数据集进行平滑处理,同时更大程度地反映地表的真实信息,对于重建高质量的植被指数数据集是一种较优的滤波算法。

因此,本书采用 S – G 滤波对 2001 ~ 2011 年黑龙江流域 EVI 时间序列数据集进行平滑滤波处理,生成高质量的 EVI 数据集,以用于火烧迹地的植被物候参数研究。

四、植被物候参数提取方法

随着遥感技术的发展,越来越多的方法被用于基于遥感的植被物候研究,其中常用的方法主要包括(武永峰等,2008):

(1)阈值法,通过设定阈值条件来实现植被物候监测,应用较为广泛(Suzuki et al. , 2003;Heumann et al. , 2007)。

(2)滑动平均法,利用实际的植被指数时序曲线与其滑动平均曲线的交叉来确定植被物候参数(Reed et al. , 1994;Schwartz et al. , 2002)。

(3)求导法,主要通过求导,并结合其他条件或方法共同提取物候信息(Moulin et al. , 1997)。

(4)拟合法,主要通过对时间序列植被指数数据进行曲线拟合的方法提取物候信息(Eklundh et al. , 2009)。

本书主要采用动态阈值与双 Logistic 曲线模型结合的方法,提取黑龙江流域植被物候参数,物候参数提取过程主要在 Timesat 程序下完成(Jonsson et al. , 2002, 2004;Eklundh et al. , 2009)。

(一)模型拟合

基于植被的生长特性,其冠层变化在短时间内应该是缓慢的,因而真实的 EVI 曲线应该是平滑连续的。但采用的遥感数据往往是经过了最大值合成处理,如 MODIS - EVI 时间序列数据经过了 16 天合成处理,因此可能导致检测到的生长季开始(结束)期提前。而采用 Logistic 曲线进行拟合,可以很好地保留季节曲线的趋势性(Beck et al. , 2006),还原 EVI 曲线的季节连续性,从而可以更准确地反映生长季开始的实际日期。

利用双 Logistic 模型进行曲线拟合进行物候参数提取的主要思想为基于加权的最小二乘法,利用双 Logistic 模型拟合 EVI 季节曲线的外包络线。拟合的过程为首先对极值点周围的数据点进行局部拟合,而后将局部拟合的结果拼接起来,完成全局拟合。

局部拟合的通用公式为:

$$f(t) = c_1 + c_2 g(t, x_1, x_2, x_3, x_4) \tag{4-3}$$

式中,t 表示时间;c_1、c_2 为通用函数中的常数,分别决定了双 Logistic 函数的基值和振幅;而 x_1、x_2、x_3、x_4 决定了基函数 $g(t, x_1, x_2, x_3, x_4)$ 的形状。

基函数的表达式为:

$$g(t, x_1, x_2, x_3, x_4) = \frac{1}{1 + \exp(\frac{x_1 - t}{x_2})} - \frac{1}{1 + \exp(\frac{x_3 - t}{x_4})} \tag{4-4}$$

式中,t 表示时间;x_1 决定了左边拐点的位置;x_2 给出了左边变化速率;x_3 决定了右边拐点的位置;x_4 给出了右边变化速率。

式(4-3)和式(4-4)中的 $c_1, c_2, x_1, x_2, x_3, x_4$ 参数主要由最小化式(4-5)中的优质方程来确定,而由可分离的 Levenberg - Marquardt 方法(Madsen et al. , 2004)完成最小化的过程,其中的 (t_i, y_i) 代表了在极大值或极小值周围的 EVI 数据点。

$$x^2 = \sum_{i=n_1}^{n_2} [w_i f(t_i) - y_i]^2 \tag{4-5}$$

同时,由于局部拟合函数在极值点周围拟合效果较好,在距离极值点更远的数据点拟合效果不佳。因此,需要将局部拟合结果拼接起来形成全局拟合函数,主要依据式(4-6)进行局部函数的全局拼接。

$$F(t) = \begin{cases} \alpha(t)f_L(t) + [1 - \alpha(t)]f_C(t), & t_L < t < t_C \\ \beta(t)f_C(t) + [1 - \beta(t)]f_R(t), & t_C < t < t_R \end{cases} \tag{4-6}$$

(二)动态阈值的确定

传统阈值法将整个区域设定为统一的阈值,植被指数季节曲线超出这一阈值则认为是生长季的开始(结束)期。这种方法存在明显的缺陷,因为植被指数综合反映了植被的生长发育过程,与植被类型、植株的密度、植被的冠层结构、叶面积指数及叶绿素含量有很密切的关系,因此对于不同的植被类型来说,相同的植被指数并不能代表相同或相似的生长发育阶段。相比较而言,动态阈值法并不以绝对阈值判定作为植物生长开始与结束的时间,而是根据 EVI 的季节曲线,逐像元判断,认为 EVI 增长到当年 EVI 振幅一定百分比的时刻为生长季的开始期,降低到 EVI 振幅一定百分比的时刻为生长季的结束期,这样就克服了空间上不同土地覆盖类型及时间上不同年份 EVI 曲线变化双重因素的干扰,进而使得到的物候变量在时空域上具有更好的一致性与可比性。

提取阈值的确定至关重要,它将直接影响所提取的物候参数。由于各个研究中涉及的土地覆被类型以及研究区的不同,学者在进行生长季物候参数提取时,提出了不同的生长季开始与结束期的阈值。Lloyd 通过研究指出,只有当 NDVI 大于 0.099 时,植被的生长季才可能开始。Fisher(1997)和 Markon 的研究则给出了确定的值,他们分别认为当 NDVI 达到 0.17 和 0.09 时植物的生长期开始。于信芳等(2006)将 0.2 个 NDVI 年内振幅作为植被生长的开始期。而本课题组也曾在这方面做过一定的研究,蔡红艳(2010)在使用 EVI 时间序列数据提取黑龙江流域植被物候参数时发现,将生长季开始与结束的阈值设定为 0.2 个 EVI 季节曲线的年内振幅能够很好地消除噪声以及林下植被(对于森林植被来说,在其生长季的早期,林下植被快速生长会干扰其物候期的提取)的干扰。因此,本书确定 0.2 个 EVI 年内振幅作为研究区物候变化提取的阈值。

第二节　典型地表覆被类型物候参数提取

利用上一节提出的植被物候参数提取方法,以 MODIS 土地覆被产品、基于物候参数的黑龙江流域土地覆被产品以及 Google Earth 高精度影像数据为基础,对几种典型的地表覆被类型的植被物候参数及 EVI 变化特征进行了提取,提取类型包括水体、城镇、耕地、草地以及林地。最终形成地表典型土地覆被类型年内 EVI 标准曲线(见图4-1)。

基于 EVI 标准曲线对典型地表覆被类型的年内 EVI 变化特征及部分物候参数进行了提取,主要包括 EVI 最大值、最小值、平均值、振幅、生长始期(生长季开始期)、生长末期(生长季结束期)以及生长季长度(见表4-1)。

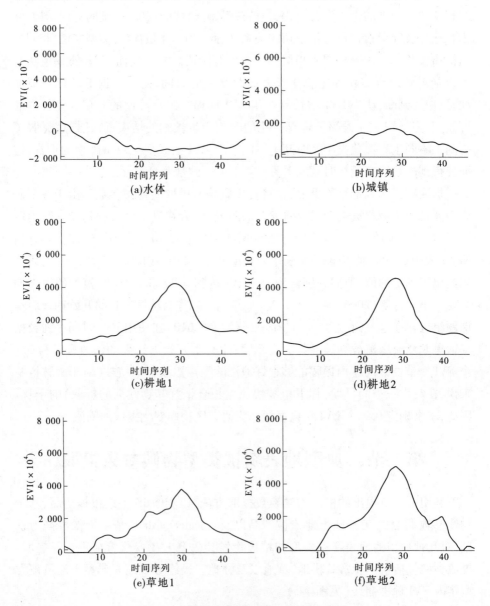

图 4-1　典型地表覆被类型 EVI 标准曲线

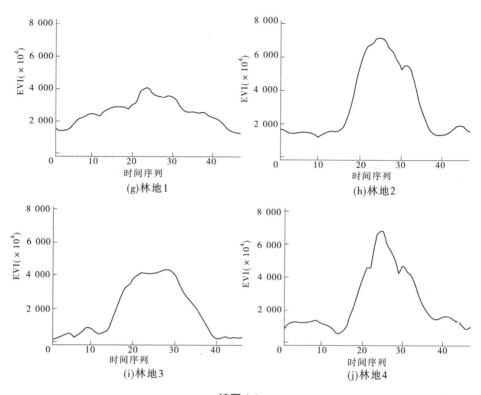

续图4-1

表4-1　典型地表覆被类型物候参数

覆被类型	最小值	最大值	平均值	振幅	生长始期（天）	生长末期（天）	生长季长度（天）
水体	-0.16	0.08	-0.10	0.24	—	—	—
城镇	0.01	0.16	0.08	0.15	—	—	—
耕地1	0.06	0.41	0.17	0.24	119	248	129
耕地2	0.02	0.46	0.16	0.29	135	275	139
草地1	0.00	0.37	0.13	0.24	101	251	150
草地2	0.00	0.52	0.11	0.40	104	262	158
林地1	0.12	0.41	0.26	0.15	108	287	178
林地2	0.12	0.72	0.31	0.40	142	258	115
林地3	0.02	0.44	0.18	0.25	112	297	186
林地4	0.06	0.68	0.24	0.43	137	276	139

通过对 EVI 曲线及其相关物候参数的观察可以发现,水体的 EVI 特征非常显著,最易判别。水体的全年 EVI 值均接近于 0,且大部分时候为负值,是唯一一个全年 EVI 平均值为负值的地表覆被类型。

城镇的 EVI 曲线具有一定的季节趋势,其原因可能在于受城镇内部绿化植被的影响。EVI 最大值仅为 0.16,平均值仅为 0.08,是除水体外,EVI 值最小的地表覆被类型。

耕地的 EVI 值变化受种植作物的影响,其 EVI 曲线会有很大的不同。由于本书的研究目的是观察森林火灾发生后火烧迹地的变化情况,耕地并不是研究对象,因此只是随机选取两处耕地类型以对其物候参数进行分析。可以发现耕地的 EVI 值已经接近草地和林地,特别是覆盖度较低的草地。但其物候参数变化依据其种植作物而更具有规律性,且由于作物收割等的影响,可能会出现 EVI 值突然减小的情况。

研究区的草地有若干不同的类型,根据草地的种类、密度、长势等因素,它们的 EVI 最大值存在一定的差距。从以上选择的两种草地类型来看,草地的 EVI 最小值几乎为 0 或者小于 0。EVI 植被指数主要是根据植被对红光强烈吸收与对近红外强烈反射的特点,用两个波段的组合运算突出反映植被的生长状态。而实际上对两个波段的辐射有以上特殊反映的是植物体内的叶绿素和植物的叶内组织,可见光红波段是叶绿素的主要吸收带,健康植被的叶片在近红外波段通常反射 40% ~ 50% 的能量;枯萎或者死亡的植被,由于叶绿素大量减少、叶内组织受损,因而对红光的吸收以及对近红外的反射都会变弱,导致两个波段的反射率差别减小,最终表现为 EVI 值近似为 0。草地的 EVI 最大值表现为较高的数值,但较部分林地还存在一定差距。

同样,林地按照种类的不同,其物候参数也存在一定差异。研究区的森林类型主要包括常绿针叶林、落叶针叶林、落叶阔叶林以及混交林等。与草地相比较,林地的 EVI 最小值有了一定的增加。其中,林地 1 与林地 2 的 EVI 最小值均达到了 0.12,表现出较高的数值。同样,林地的 EVI 最大值也有很大程度的增加,其中 EVI 值最大的林地 2,其 EVI 最大值达到了 0.72,远远大于草地,而且林地 EVI 平均值均高于草地。根据不同的森林类型,针叶林的 EVI 年内变化振幅较小,阔叶林和混交林的 EVI 变化较大;另一方面,针叶林的 EVI 年内最大值较小,而阔叶林和混交林的 EVI 最大值较大。

第三节　基于物候参数的火烧迹地植被恢复研究

干扰是诸多生态系统的正常行为,被认为是群落发展的驱动力,甚至是种群维持的重要机制(徐化成等,1997)。火灾是自然界中最为常见的一种干扰类型,其对生态环境的影响已经引起了人们的广泛关注。林火干扰是许多森林生态系统得以维持和发展的重要推动力(Farina A,1998;周道玮,1995)。目前,对于林火干扰的研究主要集中在火灾对于森林环境的影响、群落物种组成的动态变化、林火因子(火烧强度、频度等)对植被更新演替的影响以及火烧迹地的植被恢复等方面(刑伟等,2006;周晓峰等,2002;张继义等,2004)。

生态恢复是指被破坏的生态系统的修复活动,也可以理解为重塑一个自然的、能自我维持和调节的生态系统,但却并不一定是恢复到原有的生态系统状态。生态演替理论是生态恢复的基本原理,生态恢复的目标是遏止生态环境的恶化,恢复森林植被,提高生态环境质量。在群落的恢复过程中,群落结构的恢复先于功能的恢复,而植被恢复则被认为是重建生物群落的第一步。广义的植被恢复,既包括自然植被恢复,也包括人工恢复。

退化生态系统的恢复过程实质上就是群落演替的过程,是生态系统结构和功能从简单到复杂、从低级向高级演变的过程。演替是植物群落随时间变化的生态过程,表现为一定区域范围内的群落由一种类型向另一种类型发生质变而且有顺序的演变过程。受到火灾破坏的森林以及其他植物群落就是一种典型的退化生态系统,其植被的恢复过程实质上也就是植物群落的演替过程。在森林资源丰富、分布广泛的地区,一般情况下林火不可能将区域内的森林破坏殆尽,而残留的森林则作为母树,为火烧迹地提供树木再生的树种,促进火烧迹地植被的自然恢复过程。

一、典型火烧迹地样地选取

如上所述,火烧迹地的植被恢复过程本质上即为植被群落的演替过程,这是一个漫长的过程。研究中对迹地植被覆盖进行遥感监测的时间范围为 2000 ~ 2011 年。而在描述火烧迹地植被恢复过程之前,首先需要对发生火灾的迹地进行提取,这就需要至少一年的时间序列数据。因此,研究中实际的植被恢复监测过程最长为 11 年。为了尽可能地构建较长时间序列的植被恢复过程,研究选取 2000 年的火烧迹地进行植被恢复研究。按照这一思路,从 2000 年发生的林火迹地中选择了 6 个火烧迹地作为植被恢复研究的典型研究对象。

研究以像元为样本研究林火迹地。每个像元的地面实际面积约为 6.25 hm^2。所选择的 6 个典型研究对象的火烧面积均远大于 6.25 hm^2,研究中所选取的样本数据作为它的具有代表性的一部分,足以表现出整个火烧迹地的特征。

二、植被恢复过程分析

本书在上一节中已经对研究区的典型地表覆被的植被指数时间序列变化的特征进行了分析。本节中,将对更具典型特征的火烧迹地火灾发生后每年的植被物候参数参量进行分析,并对当时火烧迹地的植被覆盖状态做出判断。植被的物候参数显示了植被在形态上发生显著变化的重要时段,而不同的植被物候参数不尽相同,因此根据植被的物候参数对植被种类做出判断是可能的(于信芳,2005)。为了更为详细地描述火烧迹地植被状态的动态变化,并同时与上一节所选取的物候参量相对应,因此依然选取 EVI 每年的最大值、最小值、平均值、振幅、生长始期、生长末期以及生长季长度 7 个物候参数参量作为描述火烧迹地植被恢复的指标,恢复过程如图4-2 所示。

1 号火烧迹地位于我国大兴安岭地区。从 EVI 时序变化曲线(见图 4-2(a))可以看出,1 号火烧迹地 EVI 曲线在 2000 年初开始上升,但在未达到最大值时就突然减小,表明火灾发生。

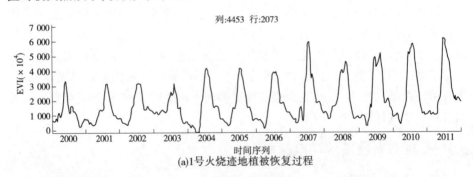

(a)1号火烧迹地植被恢复过程

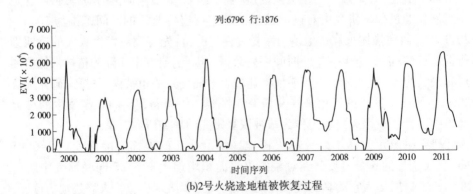

(b)2号火烧迹地植被恢复过程

图4-2　火烧迹地植被恢复过程

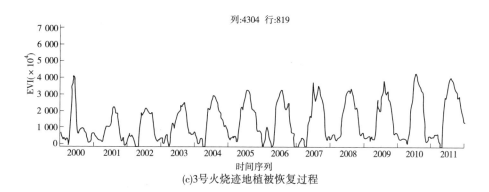

(c)3号火烧迹地植被恢复过程

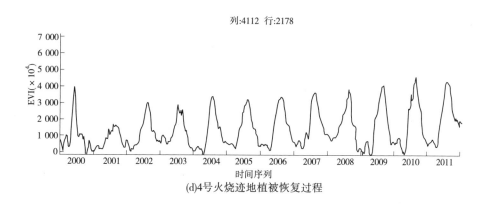

(d)4号火烧迹地植被恢复过程

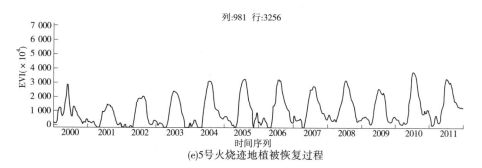

(e)5号火烧迹地植被恢复过程

续图4-2

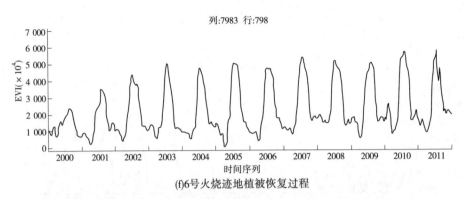

(f)6号火烧迹地植被恢复过程

续图 4-2

结合表 4-2 可以看出,火灾发生之后的前三年(2001～2003 年)EVI 的最大值以及平均值均较小。因此,推测该场火灾火烧程度较高,火灾发生后对当地植被群落造成了较为严重的影响。从 2004～2006 年,虽然 EVI 最小值仍维持在 0 值附近,但 EVI 最大值以及平均值都有了一定程度的增加(EVI 最大值增加到 0.40 以上,而平均值增加到 0.15 以上)。2007 年之后,火烧迹地的 EVI 平均值已经增加到 0.20 以上,开始表现出林地的特征。而到 2011 年,EVI 平均值达到 0.29,EVI 最大值达到 0.64,而 EVI 最小值也由 0 值附近增加到 0.10,1 号火烧迹地表现出明显的林地特征。

表 4-2 　1 号火烧迹地植被指数特征参量及地表类型估判

年份	最大值	最小值	平均值	振幅	生长始期(天)	生长末期(天)	生长季长度(天)	地表类型估判
2000	0.35	0.02	0.12	0.32	—	—	—	森林
2001	0.32	0.03	0.13	0.29	155	286	131	草地
2002	0.32	0.03	0.15	0.29	130	267	137	草地
2003	0.32	0.04	0.15	0.28	130	295	166	草地
2004	0.42	0.00	0.15	0.42	138	284	146	草地
2005	0.43	0.02	0.17	0.40	130	272	142	草地
2006	0.40	0.01	0.18	0.39	132	281	149	草地
2007	0.61	0.04	0.21	0.57	148	260	112	森林
2008	0.48	0.07	0.21	0.41	122	273	151	森林
2009	0.52	0.02	0.23	0.50	131	281	150	森林
2010	0.58	0.03	0.24	0.55	132	270	138	森林
2011	0.64	0.10	0.29	0.54	135	273	138	森林

综上所述,1 号火烧迹地 2000 年春季发生了较为严重的森林火灾。火灾发

生之后迹地表现为近似草地的地表覆被状态,并开始逐渐恢复。在植被恢复的 11 年时间里经历了由草地逐渐过渡到森林的过程,其中草地阶段只维持了 6 年的时间,植被恢复的过程较快。联想到 1 号火烧迹地位于我国大兴安岭地区,这一过程可能是火灾发生后人为促进火烧迹地植被更新影响的结果。

2 号火烧迹地位于俄罗斯境内。从 EVI 时序变化曲线(见图 4-2(b))可以看出,2 号火烧迹地在 EVI 值达到最大值附近突然减小,表明了火灾的发生。

结合表 4-3 来看,2 号火烧迹地火灾发生之后对其森林覆被造成了较为严重的影响。火灾发生后的第二年(2001 年),EVI 平均值降到 0.1 以下,且最大值只有 0.31。从 2002 年开始,植被恢复过程开始较为明显。EVI 最大值和平均值开始逐渐增加,但 EVI 最小值基本都维持在 0 值,直到 2010 年。其间 2004 年 EVI 最大值较为异常。到 2010 年之后,EVI 最大值达到 0.5 以上,最小值开始大于 0,平均值大于 0.20,并保持稳定,开始表现出林地的特征。

表 4-3　2 号火烧迹地植被指数特征参量及地表类型估判

年份	最大值	最小值	平均值	振幅	生长始期(天)	生长末期(天)	生长季长度(天)	地表类型估判
2000	0.52	0	0.10	0.52	—	—	—	森林
2001	0.31	0.00	0.09	0.31	128	289	161	草地
2002	0.35	0.00	0.13	0.35	110	286	176	草地
2003	0.37	0.00	0.13	0.37	103	298	195	草地
2004	0.52	0.00	0.16	0.52	107	296	186	草地
2005	0.42	0.00	0.16	0.42	125	294	169	草地
2006	0.43	0.00	0.16	0.43	98	290	191	草地
2007	0.46	0.00	0.20	0.46	122	286	164	草地
2008	0.46	0.04	0.22	0.42	129	292	163	草地
2009	0.47	0.00	0.18	0.47	122	297	175	草地
2010	0.50	0.05	0.24	0.45	122	285	163	森林
2011	0.56	0.06	0.26	0.49	124	291	167	森林

综上所述,2 号火烧迹地火灾发生于 2000 年夏季,火烧程度较为严重。在植被恢复的 11 年时间里,有 9 年表现出草地的特征,直到 2010 年之后才体现出森林的特征。植被恢复过程较为缓慢,因此认为 2 号火烧迹地为自然更新过程。

3 号火烧迹地位于俄罗斯境内,从 EVI 时序变化曲线(见图 4-2(c))可以看

出,3 号火烧迹地与 2 号火烧迹地类似,EVI 曲线从 2000 年初开始增加,在即将
到达最大值或者最大值附近发生突然减小,表明火灾的发生。

结合表 4-4 来看,3 号火烧迹地发生的火灾非常严重,对该地区的原有植被
覆盖造成了非常严重的影响。火灾发生后连续三年的 EVI 最大值都在 0.30 以
下,最小值持续表现为 0 值,而 EVI 平均值在前两年甚至在 0.10 以下。从 2004
年开始植被覆盖逐渐转好,EVI 最大值开始有一定幅度的增加,平均值也开始上
升。到 2010 年之后,EVI 最大值增加到 0.40 以上,而到 2011 年 EVI 平均值也
增加到 0.20。从整体趋势来看,EVI 最大值与平均值仍偏小,而且 EVI 最小值
始终保持在 0 值附近,表现为草地的特征。

表 4-4 3 号火烧迹地植被指数特征参量及地表类型估判

年份	最大值	最小值	平均值	振幅	生长始期（天）	生长末期（天）	生长季长度（天）	地表类型估判
2000	0.42	0.00	0.11	0.42	—	—	—	森林
2001	0.23	0.00	0.08	0.23	128	277	149	草地
2002	0.22	0.00	0.09	0.22	126	292	166	草地
2003	0.26	0.00	0.11	0.26	110	276	166	草地
2004	0.31	0.00	0.13	0.31	122	286	164	草地
2005	0.33	0.00	0.15	0.33	105	294	189	草地
2006	0.35	0.00	0.16	0.35	129	297	168	草地
2007	0.39	0.00	0.14	0.39	127	295	168	草地
2008	0.35	0.02	0.16	0.32	106	277	171	草地
2009	0.39	0.01	0.16	0.38	110	283	173	草地
2010	0.44	0.00	0.16	0.44	124	281	157	草地
2011	0.41	0.00	0.20	0.41	115	285	170	草地

综上所述,3 号火烧迹地火灾发生在 2000 年夏季,火烧程度非常严重。虽
然在 11 年的时间里,地表植被覆盖始终呈增长趋势,但始终表现为草地的特征。

4 号火烧迹地位于我国境内,从 EVI 时序变化曲线(见图 4-2(d))可以看
出,4 号火烧迹地同样是在 2000 年 EVI 达到最大值附近发生突然减小,表明了
火灾的发生。

结合表 4-5 来看,4 号火烧迹地火灾造成的影响也较为严重。火灾发生次
年,EVI 值受到明显的影响,最大值降为 0.15,平均值降为 0.08。从 2002 年开

始,4 号火烧迹地植被 EVI 值开始增加,最大值与平均值都开始稳定提高。到 2010 年,EVI 最大值已经增加到 0.47,但其平均值仍只有 0.18,而且 EVI 最小值仍为 0,表现为草地的特征。到 2011 年开始发生变化,平均值增加到 0.2 以上,且其最小值开始增加,逐渐表现出森林的特征。

表4-5　4号火烧迹地植被指数特征参量及地表类型估判

年份	最大值	最小值	平均值	振幅	生长始期（天）	生长末期（天）	生长季长度(天)	地表类型估判
2000	0.40	0.00	0.09	0.40	—	—	—	森林
2001	0.17	0.01	0.08	0.17	111	296	185	草地
2002	0.31	0.00	0.11	0.31	129	277	148	草地
2003	0.29	0.00	0.12	0.29	130	283	153	草地
2004	0.34	0.00	0.12	0.34	138	272	134	草地
2005	0.33	0.02	0.14	0.31	121	287	166	草地
2006	0.34	0.00	0.15	0.34	126	285	159	草地
2007	0.37	0.02	0.16	0.35	137	279	142	草地
2008	0.39	0.00	0.15	0.39	106	278	172	草地
2009	0.41	0.00	0.15	0.41	122	282	160	草地
2010	0.47	0.00	0.18	0.47	129	286	158	草地
2011	0.44	0.03	0.21	0.41	123	279	156	森林

综上所述,4 号火烧迹地火灾发生在 2000 年夏季,火烧较为严重。在火烧后恢复的 11 年时间里,有 10 年表现为草地的特征,直到 2011 年才开始表现出森林的特征,植被恢复过程缓慢。

5 号火烧迹地位于俄罗斯境内,从 EVI 时序变化曲线(见图 4-2(e))可以看出,5 号火烧迹地 EVI 值在 2000 年初有一定程度的增加,然后发生突然减小,表明了火灾的发生。

结合表 4-6 来看,5 号火烧迹地发生的火灾对该区的植被造成了非常严重的影响。火灾发生后的第二年,EVI 最大值仅为 0.15,而且 EVI 平均值仅为 0.05,均为所有迹地当中的最低值。在之后的两年(2002~2003 年)当中,EVI 最大值有一定程度的增加,但增加幅度较小,EVI 平均值仍只有 0.07。从 2004 年开始

EVI最大值增加到0.32,之后直到2011年再没有较大幅度的增加,而且EVI平均值也一直保持在0.15以下,均表现为草地的特征。

表4-6　5号火烧迹地植被指数特征参量及地表类型估判

年份	最大值	最小值	平均值	振幅	生长始期（天）	生长末期（天）	生长季长度(天)	地表类型估判
2000	0.29	0.01	0.09	0.28	—	—	—	森林
2001	0.15	0.00	0.05	0.15	143	299	157	草地
2002	0.20	0.00	0.07	0.20	128	276	148	草地
2003	0.24	0.00	0.07	0.24	134	281	147	草地
2004	0.32	0.00	0.10	0.32	142	275	134	草地
2005	0.33	0.00	0.12	0.33	147	278	130	草地
2006	0.34	0.00	0.11	0.34	153	290	138	草地
2007	0.28	0.00	0.11	0.28	142	284	142	草地
2008	0.32	0.02	0.13	0.30	129	274	146	草地
2009	0.26	0.00	0.11	0.26	127	266	138	草地
2010	0.38	0.01	0.14	0.37	142	263	122	草地
2011	0.33	0.00	0.15	0.33	137	267	130	草地

　　综上所述,5号火烧迹地火灾发生在2000年春末,火烧程度较高,影响非常严重。在火灾发生后的11年里,虽然植被有一定程度的恢复,但进程非常缓慢,增幅较小,始终表现为草地的特征。

　　6号火烧迹地位于俄罗斯境内,从EVI时序变化曲线(见图4-2(f))可以看出,6号火烧迹地2000年EVI曲线并没有突然减小的趋势,但其最大值与平均值均远远小于以后的年份,故而证明有干扰事件发生。

　　结合表4-7来看,6号火烧迹地的火灾发生对该区的植被影响较小,火烧程度较轻。火灾发生后,EVI开始增加,到2002年EVI平均值就已增加到0.20以上,并持续增加。EVI最大值也很快增加到0.5左右,并一直保持这一较高值,而且EVI最小值均处于0值以上(2005年除外,可能为噪声干扰的影响),均表现为森林的特征。

表 4-7　6 号火烧迹地植被指数特征参量及地表类型估判

年份	最大值	最小值	平均值	振幅	生长始期（天）	生长末期（天）	生长季长度（天）	地表类型估判
2000	0.24	0.05	0.13	0.19	—	—	—	森林
2001	0.35	0.02	0.16	0.34	134	290	156	森林
2002	0.44	0.04	0.20	0.40	130	274	144	森林
2003	0.51	0.05	0.20	0.46	150	262	111	森林
2004	0.48	0.05	0.20	0.43	146	271	126	森林
2005	0.50	0.00	0.21	0.50	145	279	134	森林
2006	0.48	0.03	0.22	0.44	138	279	142	森林
2007	0.54	0.07	0.25	0.47	136	270	134	森林
2008	0.52	0.12	0.26	0.40	141	275	134	森林
2009	0.51	0.05	0.25	0.46	135	269	134	森林
2010	0.57	0.07	0.28	0.50	145	274	130	森林
2011	0.58	0.08	0.26	0.50	143	276	133	森林

　　综上所述,6 号火烧迹地火灾发生在 2000 年春季,火灾造成的影响较小。因此,在火灾发生的当年,植被就开始恢复,从而表现出 EVI 值没有发生骤降的特征。由于火烧影响非常小,火灾发生之后迹地基本上都处于森林的状态。

　　通过以上分析可以看出,6 号迹地火烧程度最轻,因而其植被的恢复过程最快。1、2、5 号迹地受火灾的影响较重,但 1 号迹地由于人为因素的作用,植被恢复过程较快,2 号和 5 号迹地恢复过程较慢,三个迹地都经历了由草地到森林的过程。4 号和 6 号迹地受火灾影响最大,其中又以 6 号迹地尤为严重,火灾对两地的植被造成了非常严重的毁坏,以至于经过 11 年的恢复,迹地仍处于草地状态。

本章小结

　　本章首先论述了基于遥感手段提取植被物候参数的内涵与原理,其物候期的确定不同于传统定点、定株或特定物种物候期的观测。基于遥感手段提取的植被物候也称为陆地表面物候,监测的基本原理是基于不同的土地覆被在各个波谱段具有不同的反射率,进而表现为光谱曲线的差异。基于植被光谱曲线特征,构造 EVI 植被指数与植被的生长发育过程密切相关,因此可以基于 EVI 季节曲线提取植被物候信息。

以 Logistic 模型拟合与动态阈值相结合的方法对黑龙江流域 2000 年 6 处火烧迹地的植被指数特征曲线进行了提取,用以分析火烧前后的植被动态过程。选取 EVI 每年的最大值、最小值、平均值、振幅、生长始期、生长末期以及生长季长度 7 个物候参数参量作为描述火烧迹地植被恢复的指标。结果显示,火灾发现前后 EVI 表现出明显差异,火烧将造成地表植被的显著减少。在火烧较轻的地区,植被恢复较快,如 6 号火烧迹地;而在火烧较为严重的区域,火烧后基本表现为草地的状态,并逐年恢复,恢复过程受各种环境因子的影响,恢复过程缓慢,甚至经过 10 年的恢复仍表现为草地。

综上所述,本章基于双 Logistic 模型与动态阈值相结合的方法,对黑龙江流域 6 处火烧迹地的植被恢复过程进行了分析,尝试从定性的角度去分析火烧迹地的植被恢复过程。

第五章　基于植被指数以及 NPP 的火烧迹地植被恢复研究

一、基于植被指数的火烧迹地恢复过程分析

火灾的发生会对生态系统产生重要的影响,造成地表覆被、地表反射率、温度以及湿度等的变化,而这些特征的变化都可以通过遥感影像来加以识别(Kasischke et al.,2000)。由于遥感数据的规则性、周期性以及全球可获取性等,它已经被广泛地用于火烧迹地研究,特别是火烧后的植被恢复研究。目前,基于遥感的火烧迹地植被动态变化研究主要集中于地中海地区(Diaz-Delgado et al.,2003;Riano et al.,2002),其次为北方森林地区。Kasischke 等(1997)使用 NOAA\AVHRR 的 NDVI时间序列数据监测了阿拉斯加 14 个测试站点 3 年过程中的植被变化情况。他们发现火灾前的植被类型以及火灾发生的时间对阿拉斯加地区火灾后的植被恢复过程有着重要的影响。Hicke 等(2003)使用 17 年的 AVHRR/NDVI 时间序列数据以及植被光利用效率模型对火灾对于 NPP 的影响进行了评估。Goetz 等(2006)同样使用了基于 AVHRR 的 NDVI 数据,对加拿大北方森林火烧迹地的植被恢复过程进行了研究,他们认为,火灾对 NDVI 有着极其显著的影响,NDVI 恢复到火烧前的大小至少需要 5 年的时间。

通过以上的研究可以发现,植被指数提供了一个监测植被密度和活力的方法,从而成为火烧迹地植被恢复研究的一个重要手段。其中,NDVI 的应用最为广泛。但如上一章所述,NDVI 在用于火烧迹地研究时存在多种缺陷。相比较而言,EVI 具有更好的适用性。因而,我们同样选择 EVI 作为火烧迹地植被恢复研究的评价指数。

此外,短波红外波段(SWIR)和中红外波段(MIR)同样已经被证明能够很好地区分土壤和植被(Asner et al.,2000),但利用这些光谱范围计算的植被指数却没有得到很好的利用,存在一定的潜在能力。在这里我们选择 NDSWIR(Normalized Difference Shortwave Infrared Index)作为另一个火烧迹地植被恢复研究的评价指数。NDSWIR 对于冠层的水含量较为敏感(Hardisky et al.,1983),从而与植被冠层结构发生联系。目前,它已经被越来越多地用于火烧迹地制图以及植被恢复研究。这一指数由 NIR 以及 SWIR 计算得来,当 SWIR 波段范围选择 1 230~1 250 nm 时(Gao,1996)为 NDWI;当 SWIR 波段范围选择1 628~

1 652nm 时为 NDSWIR（Gerard et al.，2003）；当 SWIR 波段范围选择 2 080~
2 350nm 时为 NBR（Epting et al.，2005；Loboda et al.，2007）。Epting 等（2005）
对阿拉斯加地区的一场特大森林火灾进行了分析，结果表明 NBR 恢复到火烧前
的状态需要 8~14 年的时间。Gerard 等（2003）使用 NDSWIR 作为加拿大北方森
林火烧迹地制图的评测指标，并认为它比 NDVI 具有更好的持续性。Balzter 等
（2005）以及 George 等（2006）则将 NDSWIR 用于西伯利亚地区的火灾研究当
中。Maria 等（2009）利用 NDSWIR 分析了西伯利亚中部地区火烧迹地的植被恢
复过程，并认为 NDSWIR 能够很好地刻画火灾后的植被恢复过程。NDSWIR 的
计算公式如下：

$$NDSWIR = \frac{\rho_{nir} - \rho_{SWIR2}}{\rho_{nir} + \rho_{SWIR2}} \tag{5-1}$$

（一）火烧迹地选取

为了更为有效地分析火烧迹地的植被动态过程，首先需要对火烧迹地进行
筛选，选取标准如下：

（1）在研究时间范围内（2000~2011 年）只发生过一次火灾的区域。火灾的
重复发生将导致植被动态变化以及景观多样性的差别（DeGrandpre et al.，
2000）。火灾发生后植被的动态变化过程依赖于火灾重复发生的时间间隔。受
火灾重复发生影响的区域将表现出与单一火灾影响下不同的特征。

（2）为了选取遭到充分火烧的迹地，将火烧迹地面积小于 30 个像元或者虽
然面积大于 30 个像元，但是多为边缘区域的火灾进行排除。

（3）为了尽可能构建较长的时间序列，并同时与火灾发生之前的年份进行
比较，因而主要从 2001 年以及 2002 年发生的火灾中进行火烧迹地选取。

（4）只对发生于森林区域的火灾进行选取。针对研究区的主要森林类型进
行火烧迹地选取，包括常绿针叶林、落叶针叶林、落叶阔叶林以及混交林。

按照以上标准，从 2001 年及 2002 年发生的森林火灾中选取火烧迹地 22
处。其中，常绿针叶林符合条件的火烧迹地较少，选取 3 处，落叶针叶林 7 处，混
交林及落叶阔叶林均为 6 处。

为了排除气候年际波动对植被动态变化的影响，通过比较所选取的火烧迹
地及其相邻的未火烧区域（参照区域），对火灾后植被的动态变化进行分析。对
于选取的每一处火烧迹地，均选取了与之相邻的未受火灾影响的区域作为参照
区域。参照区域必须与火烧迹地具有相同或者相似的特征，包括覆盖面积、森林
类型以及气候条件等，以保证两者之间的差别主要来源于火灾的影响。同时，为
了保证两者具有相似的气候条件，要求两者之间的距离尽可能最小。将每一对
选定的火烧迹地及其参照区域以及火烧的时间和森林类型进行分组。

(二)构建时间序列数据

火烧迹地的植被动态变化研究需要火灾发生后所有年份的数据来进行观测。这里使用 2000~2011 年的 MOD09A1 数据分别对 EVI 以及 NDSWIR 进行了计算,生成植被指数数据集。

由于 NDSWIR 受水体的影响较为严重,为了进一步减小雪盖带来的不确定性影响,以上一章所提取的植被物候特征为参考,将植被指数数据集的时间范围设定在每年的植被生长季开始之后与植被生长季结束之前。

(三)火烧前的土地覆被分类

为了比较不同森林覆被类型下火烧迹地的植被动态变化过程,需要获取火烧前迹地的土地覆被类型数据。这里选择 MODIS 土地覆被分类产品作为研究的基础土地覆被数据。

(四)植被整体恢复趋势分析

按照火烧迹地与参照区域的分组情况,对每一组数据的植被指数变化进行了计算,选取 EVI 最大值、EVI 平均值以及 NDSWIR 平均值作为变量,分析其火灾后随时间的变化过程,以说明火烧迹地的植被恢复过程。首先对选取的所有火烧迹地进行汇总,对其总体变化趋势进行分析。

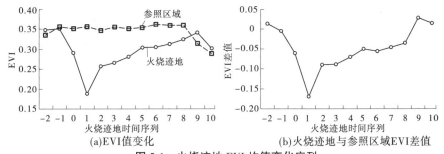

(a)EVI值变化　　　　　　(b)火烧迹地与参照区域EVI差值

图 5-1　火烧迹地 EVI 均值变化序列

注:横轴 0 表示火灾发生的年份

由图 5-1 可以看出,火灾的发生对研究区的 EVI 值造成了很大的影响,下降约 0.14。在火灾发生的年份,EVI 平均值开始发生一定程度的下降,到火灾发生次年,EVI 值减小最为明显,下降到最小值,之后开始缓慢恢复。火烧迹地与参照区域的 EVI 差值(以后简称差值)也表现出类似的特征,次年差值最大,之后开始减小,代表了植被的恢复过程。火灾发生之后 EVI 的恢复过程较为缓慢,直到火灾发生后的第 8 个年份,EVI 平均值才开始接近火烧前的年份,且 EVI 差值也开始接近 0,代表 EVI 逐渐恢复到火烧前的状态。

火灾发生之后 EVI 的最大值发生显著的变化,下降幅度近 0.25(见图 5-2)。

火灾发生次年 EVI 最大值下降最多,之后开始恢复。在年际气候条件差异的影响下,火烧迹地 EVI 最大值呈现一定的起伏状态,但其总体趋势仍表现为不断增加。到火灾发生的第 7 个年份,EVI 最大值开始接近火灾发生状态。EVI 差值表现出相同的恢复特征,在火灾发生次年差值表现为最大之后,开始逐年恢复且基本没有表现出与 EVI 最大值类似的波动特征。

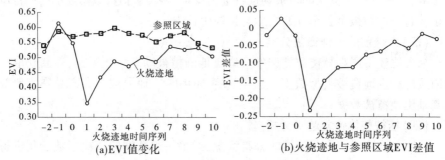

(a)EVI值变化   (b)火烧迹地与参照区域EVI差值

图 5-2 火烧迹地 EVI 最大值变化序列

注:横轴 0 表示火灾发生的年份

火灾造成研究区域 NDSWIR 均值下降约 0.17。火灾发生之后 NDSWIR 与 EVI 表现出相似的变化趋势(见图 5-3)。NDSWIR 值在火灾发生的次年下降最多,表现为唯一的一次负值,之后开始逐渐上升,到火灾发生的第 8 个年份开始接近火烧前的状态,NDSWIR 差值也同时开始接近 0 值,表明 NDSWIR 开始接近正常状态。

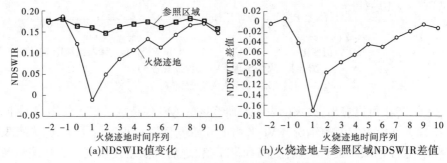

(a)NDSWIR值变化   (b)火烧迹地与参照区域NDSWIR差值

图 5-3 火烧迹地 NDSWIR 平均值变化序列

注:横轴 0 表示火灾发生的年份

对火灾发生次年的 EVI 均值及 NDSWIR 均值进行线性拟合,得到火烧迹地 EVI 及 NDSWIR 的恢复速率(见图 5-4)。

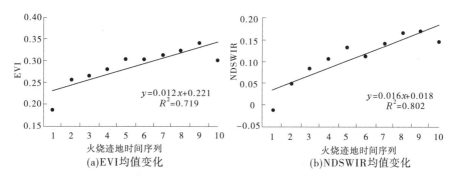

图 5-4　火烧迹地 EVI 恢复

（五）不同森林类型下的植被恢复

研究区的主要森林类型包括落叶针叶林、常绿针叶林、落叶阔叶林以及混交林。以 EVI 平均值以及 NDSWIR 平均值为评价指标，分别针对以上森林类型，对其火烧后的植被指数变化进行分析，进而说明不同森林类型下火烧迹地的植被恢复过程。

火灾发生以后，落叶针叶林地区 EVI 值出现显著的变化，EVI 均值由 0.25 左右下降到 0.09，之后开始增加，表明植被恢复过程开始（见图 5-5）。NDSWIR 均值由 0.15 左右下降为负值，然后开始增加。两者具有相似的变化过程。直到火灾发生后的第 8 个年份，火烧迹地 EVI 均值以及 NDSWIR 均值才与参照区域表现出较小的差距。

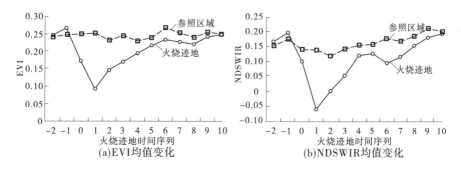

图 5-5　落叶针叶林火烧迹地植被指数变化序列

注：横轴 0 表示火灾发生的年份

常绿针叶林地区火灾发生之后，EVI 与 NDSWIR 均值出现明显减小（见图 5-6）。EVI 均值由火烧前的 0.23 左右，减小到 0.08；NDSWIR 均值则由火烧前的 0.22 左右减小到 0.05。两种指数的恢复均从火烧发生后的第 2 年开始，并在开始的两个年份里持续增加，之后出现一定程度的波动，但整体仍表现为增加趋势。在火灾发生后的第 8 个年份，火烧迹地与参照区域两种植被指数之间的差距变得较小,表示两种植被指数已经接近或达到该植被覆盖类型下的平均大小。

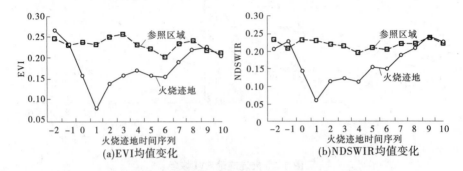

图 5-6　常绿针叶林火烧迹地植被指数变化序列
注:横轴 0 表示火灾发生的年份

落叶阔叶林地区火灾发生之后,EVI 与 NDSWIR 发生显著变化(见图 5-7)。
EVI 均值减小幅度最大,由火烧前的 0.42 左右减小到 0.21;NDSWIR 由火烧前
的 0.15 左右下降为负值。EVI 均值在火烧发生后的第 5 个年份就表现出与参
照区域较小的差距,之后一年有所波动,到第 7 个年份基本稳定;NDSWIR 均值
在植被恢复的前两个年份呈现持续增加,之后有几年的波动增加,到火灾发生后
的第 7 个年份与参照区域表现出较小的差值。

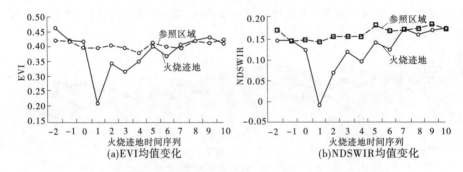

图 5-7　落叶阔叶林火烧迹地植被指数变化序列
注:横轴 0 表示火灾发生的年份

混交林地区火灾发生之后,EVI 值与 NDSWIR 值同样表现为显著的减小
(见图 5-8)。EVI 均值由火烧前的 0.35 左右下降到 0.27;NDSWIR 值由火烧前
的 0.14 左右下降到 0.02。在植被开始恢复的前 3 个年份,EVI 值持续增加,之
后发生一段时间的波动。到火灾发生后的第 7 个年份,开始表现出与参照区域
较小的差距。NDSWIR 在恢复过程中基本呈现增加的趋势,只有在第 6 个年份
出现一定程度的下降,与参照区域的差距增加。到火灾发生后的第 7 个年份表
现出与参照区域较小的差距。

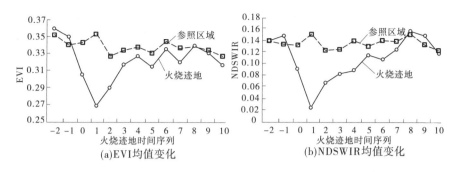

图 5-8   混交林火烧迹地植被指数变化序列

注:横轴 0 表示火灾发生的年份

综上所述,各个森林覆被类型下,火烧迹地的植被指数恢复过程较为相似,均表现为火烧后的第 2 年植被指数值下降到最小,之后开始恢复。受年际气候波动的影响,火烧迹地植被指数在恢复过程中可能表现出一定程度的起伏,但整体呈现增加趋势,且增加幅度较小,往往需要很长时间才能恢复到与参照区域接近的水平。

二、植被净初级生产力

陆地植被净初级生产力(Net Primary Productivity, NPP)是指植物在单位时间单位面积上由光合作用产生的有机物质总量中扣除自养呼吸后的剩余部分(龙慧灵等,2010)。作为地表碳循环的重要组成部分,NPP 不仅直接反映了植被群落在自然环境下的生产能力,而且是判定生态系统碳积累和调节生态过程的主要因子。因此,NPP 在全球变化以及碳循环研究中扮演着重要的角色。NPP 是植被群落生产能力的重要评价指标,NPP 的变化特征直接表现了地表植被的动态过程,从而使得 NPP 成为火烧迹地植被恢复研究的重要参数。Amiro 等(2000)使用 1994 年的 NPP 分布图对加拿大 1980~1994 年间发生的火灾进行了分析,结果表明,在 15 年的观察期内,NPP 呈线性增加的趋势,而且其增长的速率依赖于迹地所处的生态区。

从区域或者大尺度下估算 NPP 的方法主要分为以下几类:

(1)通过大规模的野外实地调查以获取实测数据(王建国等,2011)。

(2)利用少量的野外调查资料,建立以环境因子(温度、降水等)或者遥感数据为自变量、生产力为因变量的统计模型。张宪洲(1993)比较了多种统计模型对于我国植被净初级生产力计算的适用性。周广胜等(1998)利用我国 125 组天然成熟森林等资料以及相应的气候资料对 Miami 模型、Thornthwaite Memorial 模型、Chikugo 模型、综合模型以及北京模型的适用性进行了研究。

(3)参数模型。即光能利用效率模型。参数模型目前的应用较为广泛,如

GLO-PEM 模型、CASA 模型等,该类模型已经广泛地应用于区域或大尺度下的植被净初级生产力研究。张杰等(2006)参照 GLO-PEM 以及 CASA 模型,借助遥感生态反演的物理分析,初步构建了适用于干旱区的 NPP 估算模型,并以中国西部干旱区为例对其进行了研究。朴世龙等(2001)基于 GIS 以及 RS 应用技术,使用 CASA 模型估算了我国 1997 年植被净初级生产力及其分布。

(4)过程模型。过程模型通过结合植物的生物学特征以及生态系统的功能来模拟系统尺度上的过程。过程模型主要包括 TME 模型、CENTURY 模型、BI-OME-BGC 模型、BIOME1-BIOME4 模型、MAPSS 模型等。

遥感技术和遥感数据处理技术的迅速发展以及遥感观测生理生态理论研究的提高,为 NPP 的研究提供了一个新的技术手段。基于遥感的 NPP 监测已经开始应用于生态系统的实时、连续观测以及年际波动和长期变化趋势研究(王莺等,2010a)。美国 NASA 的 MODIS 遥感数据已经广泛地用于地表覆被、植被生产力和生态环境监测、气候预测以及自然灾害监测等方面。在 MODIS 的陆地监测产品中提供了空间分辨率为 1 km 的年 NPP 产品数据(MOD17A3),时间为自 2000 年以来。该产品目前已经在全球不同区域对植被的生长状况、生物量的估算、环境监测以及全球变化等研究中得到了广泛的应用及验证(李登科等,2011)。因此,研究选择 MOD17A3 数据作为火烧迹地植被动态研究的基础数据,以分析火烧后迹地的 NPP 动态变化过程。

(一)基于 NPP 的植被恢复趋势分析

采用与以上植被指数相同的分析方法,从 2001 年火烧迹地中选取样本对其植被恢复过程进行分析,时间为 2000~2010 年。

森林火灾的发生对其 NPP 值有着明显的影响。在火灾发生的年份,NPP 出现一定程度的下降,到火灾发生次年下降到最小值,之后开始增加(见图 5-9)。到火灾发生后的第 7 个年份,火烧迹地与参照区域之间的 NPP 差值接近于 0,表示火烧迹地的 NPP 恢复到与参照区域平均水平。NPP 的恢复过程与植被指数相似,均表现为次年差距最大,之后开始恢复,恢复过程往往需要很长时间。

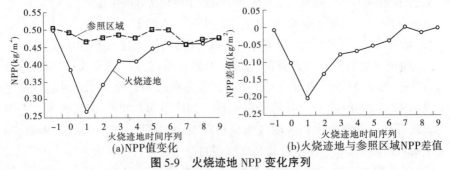

(a)NPP值变化　　　　(b)火烧迹地与参照区域NPP差值

图 5-9　火烧迹地 NPP 变化序列

注:横轴 0 表示火灾发生的年份

(二)不同森林类型下的 NPP 恢复

基于火灾发生前的不同森林覆被类型,对其火灾后的植被恢复进行分析。

落叶针叶林地区火灾的发生,造成 NPP 值下降 0.15 左右(见图 5-10)。在火灾后的植被再生过程中,基本均表现出 NPP 上升的趋势,只有在第 7 个年份有突然的下降。到火灾发生后的第 5 个年份,火烧迹地的 NPP 值已经达到了较高的水平,但与参照区域仍存在一定的差距。虽然在火灾发生后的第 7 个年份,NPP 值有明显的下降,但参照区域也同样发生了显著的下降,两者之间的差距减小。

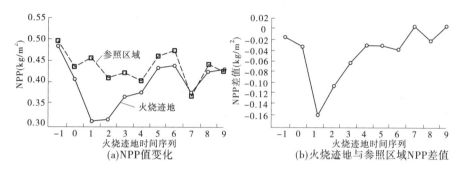

图 5-10　落叶针叶林火烧迹地 NPP 变化序列

注:横轴 0 表示火灾发生的年份

常绿针叶林地区火灾的发生造成 NPP 的下降达到 0.19(见图 5-11)。在火灾后的植被恢复过程中,火灾发生后第 2 年的恢复速度最快,之后速度变慢,并出现一定的波动。整体而言,火烧迹地的 NPP 恢复过程较慢,直到火灾发生后的第 8 个年份,火烧迹地与参照区域的 NPP 差值才接近 0 值。

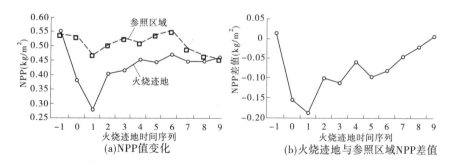

图 5-11　常绿针叶林火烧迹地 NPP 变化序列

注:横轴 0 表示火灾发生的年份

落叶阔叶林地区火灾的发生造成 NPP 值下降超过了 0.25(见图 5-12)。火灾发生后次年,NPP 值下降到最小值,之后开始逐渐增加。在火灾发生后的第

3、第4年增速较快,之后开始变缓。到火灾发生后的第6个年份,火烧迹地NPP值开始接近参考区域。

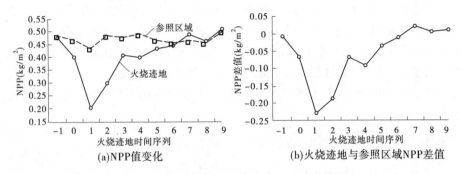

图 5-12   落叶阔叶林火烧迹地 NPP 变化序列
注:横轴0表示火灾发生的年份

混交林地区火灾发生之后造成 NPP 值下降 0.23,下降幅度较大(见图 5-13)。与落叶阔叶林地区相似,在火灾发生后的第2、第3年,恢复速率较快,之后开始变缓,并在第4年出现波动。到火灾发生后的第6年,迹地 NPP 值开始接近参照区域,并基本趋于稳定。

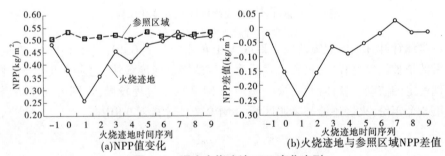

图 5-13   混交火烧迹地 NPP 变化序列
注:横轴0表示火灾发生的年份

综上所述,火灾的发生对森林覆被地区的 NPP 值有着重要的影响。火灾发生后次年,NPP 值下降到最小,之后开始恢复。不同的森林覆被类型下,恢复速率不同,表现为落叶阔叶林以及混交林地区恢复较快,而常绿针叶林以及落叶针叶林地区恢复过程较慢。

本章小结

植被指数是火烧迹地植被恢复研究的重要工具。本章首先选取 EVI 与 ND-SWIR 两种植被指数作为火烧迹地植被恢复研究的定量评价指标,依据一定的样本选择条件,对黑龙江流域火烧迹地的植被恢复过程进行了分析。结果表明,火灾的发生对研究区森林覆被地区的 EVI 以及 NDSWIR 值有极为显著的影响,造成两者的显著下降,火灾发生后的次年表现为最小值,之后开始恢复。初期恢复速度较快,之后开始变缓,并且需要 7~8 年的时间才能接近火烧前的值。

之后,分别针对研究区的主要森林覆被类型,对其火烧后的植被指数动态特征进行了分析。结果表明,各种森林覆被类型下,EVI 以及 NDSWIR 的恢复过程较为相似。火灾的发生无论对于哪种森林覆被类型,都会造成其植被指数的显著变化。在火烧后的植被恢复过程中,受年际气候差异的影响,其变化过程可能出现波动,但总体趋势表现为增加。就恢复速率而言,针叶林地区恢复速度较慢,而阔叶林与混交林地区恢复速度较快。

植被净初级生产力是另一个衡量地表生物量的重要参量。因此,本章选取 NPP 作为另一个指标对火烧迹地的植被恢复过程进行分析。研究使用了 MODIS 年均 NPP 数据。结果表明,NPP 的恢复过程与植被指数表现出类似的特征,火灾发生次年 NPP 值下降到最小值,之后开始恢复。恢复过程可能出现波动的情况,但总体呈增长趋势,恢复过程需要 7 年左右的时间。不同森林覆被类型下的恢复速度同样表现为针叶林地区较慢,需要 7~8 年的时间,而阔叶林与混交林地区恢复速度较快,需要 6 年左右的时间。

综上所述,本章以植被指数 EVI、NDSWIR 以及植被净初级生产力为参量,对火烧迹地的植被恢复过程进行了分析,以实现火烧迹地植被恢复的定量分析过程。

第六章 不同火烈度下的植被恢复过程分析

第一节 火烈度分级及研究方法

一、研究对象

本章选择 2000 年发生于大兴安岭地区（黑龙江省呼玛县）的特大森林火灾作为研究对象（见图 6-1），对其火灾后不同火烈度下的植被恢复过程进行分析。

(a) 火灾发生之前　　　　　　　　　　　　(b) 火灾发生之后

图 6-1　火灾发生前后影像对比（TM 影像 4、3、2 波段合成）

二、数据预处理

研究选取 Landsat TM/ETM 影像作为基础数据。下载火灾发生前后研究区 2000 年 6 月、9 月以及 2001 年 7 月、2006 年 8 月及 2011 年 7 月的 TM/ETM 数据。数据时相均为夏季，植被生长旺盛，且时相差距较小。

（一）辐射定标

辐射定标是将传感器记录的电压或数字量化值（DN）转换成绝对辐射亮度

值(辐射率)的过程(梁顺林,2009),或者转换为与地表(表观)反射率、表面(表观)温度等物理量有关的相对值的处理过程。按不同的使用要求或应用目的,可以分为绝对定标和相对定标。绝对定标是通过各种标准辐射源,建立辐射亮度值与数字量化值直接的定量关系,如对于一般的线性传感器,绝对定标通过一个线性关系式完成数字量化值与辐射亮度值的转换:

$$L = Gain \times DN + Offset \tag{6-1}$$

式中,辐射亮度 L 常用单位为 $W/(cm^2 \cdot \mu m \cdot sr)$。

在 ENVI 软件平台支持下,使用如下公式对所下载数据进行辐射定标:

$$L_\lambda = L_{min\lambda} + \frac{L_{max\lambda} - L_{min\lambda}}{QCAL_{max} - QCAL_{min}}(QCAL - QCAL_{min}) \tag{6-2}$$

式中,$QCAL$ 为原始量化的 DN 值;$L_{min\lambda}$ 为 $QCAL = 0$ 时的辐射亮度值;$L_{max\lambda}$ 为 $QCAL = QCAL_{max}$ 时的辐射亮度值;$QCAL_{min}$ 为 最小量化定标像素值;$QCAL_{max}$ 为最大量化定标像素值;L_λ 为辐射亮度值。

(二)大气校正

大气校正的目的是消除大气和光照等因素对地物反射的影响,获得地物反射率、辐射率、地表温度等真实物理模型参数,包括消除大气中水蒸气、氧气、二氧化碳、甲烷和臭氧等对地物反射的影响;消除大气分子和气溶胶散射的影响。大多数情况下,大气校正同时也是反演地物真实反射率的过程。

这里采用 FLAASH 大气校正工具对辐射定标后的数据进行校正。FLAASH 基于 MODTRAN4+辐射传输模型,其处理步骤主要分为以下三步:

(1)从图像中获取大气参数,包括能见度(气溶胶光学厚度)、气溶胶类型和大气水汽含量。由于目前气溶胶反演算法多是基于图像中的特殊目标,如水体或浓密植被等暗体目标,在 FLAASH 中也沿用了暗目标法,一景图像最终能获取一个平均的能见度数据;同时,FLAASH 中水汽含量的反演算法是基于水汽吸收的光谱特征,采用了波段比值法,水汽含量的计算在 FLAASH 中是逐像元进行的。

(2)大气参数获取之后,通过求解大气辐射传输方程来获取反射率数据。

(3)为了消除纠正过程中存留的噪声,需要利用图像中光谱平滑的像元对整幅图像进行光谱平滑处理。

FLAASH 基于太阳波谱范围内(不包括热辐射)和平面朗伯体(或近似平面朗伯体),在传感器处接收的像元光谱辐射亮度公式为:

$$L = \frac{A\rho}{1 - \rho_e S} + \frac{B\rho}{1 - \rho_e S} + L_a \tag{6-3}$$

式中,L 为传感器处接收到的像元总辐射亮度;ρ 为像元表面反射率;ρ_e 为像素周围平均表面反射率;S 为大气球面反照率;L_a 为大气后向散射辐射率;B 为取决于大气条件和几何条件的两个系数。

将上式分为三个部分(以加号为分割线),右边第一部分代表了太阳辐射经大气入射到地表后反射直接进入传感器的辐射亮度;右边第二部分为经大气散射后进入传感器的辐射亮度;右边第三部分为大气后向散射辐射率(大气程辐射)。

参变量 A、B、S 和 L_a 的值是通过辐射传输模型 MODTRAN 的计算获取的,需要用到视场角、太阳角度、平均海拔,以及假设的大气模型、气溶胶类型和能见度范围。A、B、S 和 L_a 的值与大气中的水汽含量有密切关系,MODTRAN4+用波段比值法来进行水汽反演。

当水汽反演步骤完成,利用式(6-4)可以计算空间平均辐射亮度 L_e,由此可以构建以下近似公式估算空间平均反射率 ρ_e:

$$L_e = \frac{(A + B)\rho_e}{1 - \rho_e S} + L_a \qquad (6\text{-}4)$$

FLAASH 中气溶胶光学厚度的反演应用了 Kaufman 提出的暗目标法。他认为,由于 2 100 nm 波长比大部分气溶胶微粒的直径要大,该波段受气溶胶的影响可以忽略;利用式(6-3)及式(6-4)以及一系列能见度范围可以反演出气溶胶光学厚度。

(三)几何校正

以 2000 年 6 月火灾发生前的图像为基准影像,对其余影像进行几何校正,每幅影像选取地面控制点超过 40 个,RMSE 值均小于 0.30。

三、火烈度

森林火灾发生之后,都会给森林生态系统造成危害。通常用火烈度来衡量火灾对森林危害的程度。

火烈度是指火灾对于森林生态系统的破坏程度。传统意义上的火烈度以被烧死林木的百分比来表示,并认为火烈度与火强度成正比,与火蔓延速度的平方根成正比。

与传统意义上的火烈度定义不同,基于遥感的火烈度通常通过一定的光谱指数来实现。目前,应用最为广泛的指数为 NBR(Normalized Burn Ratio)与dNBR(delta Normalized Burn Ratio)。NBR 的计算公式如下:

$$\text{NBR} = \frac{TM_4 - TM_7}{TM_4 + TM_7} \qquad (6\text{-}5)$$

dNBR 即为火烧前后 NBR 的差值,被认为是更为合适的描述火烈度等级的指数(Jay et al.，2007)。这里采用 dNBR 作为火烈度划分标准对火烈度进行分级(见图 6-2)。

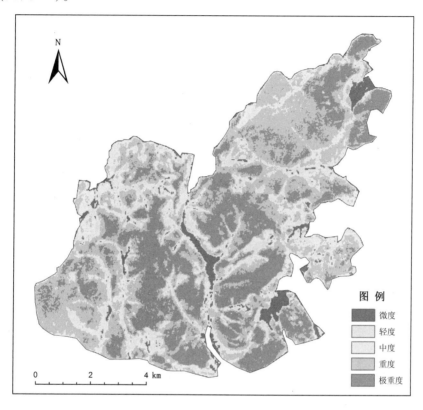

图例
　微度
　轻度
　中度
　重度
　极重度

0　　2　　4 km

图 6-2　火烈度分级

由图 6-2 以及表 6-1 可以看出,火灾影响范围较大,总过火面积达 8 176.86 hm²。其中微度及轻度火烧面积所占比例较小,分别占总过火面积的 4.32% 及 7.49%;重度火烧面积最大,占总过火面积的 38.83%,其次为重度和中度火烧面积,分别占总过火面积的 30.27% 和 18.09%。表明该场火灾不仅波及范围广,而且火烧剧烈,对地表的植被破坏极为严重。

表 6-1　火烈度等级划分

火烈度分级	微度	轻度	中度	重度	极重度
dNBR	<0.2	0.2~0.4	0.4~0.6	0.6~0.8	>0.8
面积(hm²)	353.16	612.81	1 478.52	3 256.83	2 475.54

四、影像分析方法

(一)混合像元分解

光谱混合理论以混合像元理论为基础,后者表示一个像元范围内包含不止一种地物,像元光谱值是所对应的地物类型光谱信息的综合。光谱混合分析技术所计算的波段中像元的反射率为其所包含的成分反射率的综合,并通过各成分所占的地表比率赋以权重(Rogan et al.,2002)。其结果为所选择端元比例的丰度。

端元的数量以及光谱选择是 SMA 技术应用最为重要的方面。端元的划分可以通过影像自身来进行,也可以使用纯野外光谱数据来进行(Robert et al.,2001)。前者被称为影像端元(Image Endmember),后者被称为参照端元(Reference Endmember)。

参考端元的应用通常较为困难,因为它需要使用一个合适的光谱库。如果研究区内没有光谱库,则需要通过野外或者实验室实验来进行创建。这是一项需要大量时间的工作,因此本书中未采用这一方法。

大多数的光谱混合分析方法使用影像端元。影像端元的优点在于易于获取,代表了与研究区相同尺度下的光谱特征,并且提供了一个简单的计算丰度的方法。

SMACC(Sequential Maximum Angle Convex Cone)是影像端元选择的一种方法,它可以产生较好的结果。SMACC 基于凸锥模型(也称为"残余最小化")借助约束条件来识别图像端元波谱;采用极点来确定凸锥,并以此定义第一个端元波谱;然后,在现有锥体中应用一个具有约束条件的斜投影生成下一个端元波谱;继续增加锥体生成新的端元波谱;重复这个过程直至生成的凸锥中包括了已有的终端单元(满足一定的容差),或者直至满足了指定的端元波谱个数(进一步的信息参考 Gruninger et al.,2004)。

通俗的解释即 SMACC 方法首先找到图像中最亮的像元;然后找到与最亮像元差别最大的像元;继续再寻找与前两种像素差别最大的像素;重复该过程直至 SMACC 找到一个前面查找像素过程中已经找到的像元,或者端元波谱数量已经满足要求。

基于影像自身的端元集来提取端元丰度将带来很大的误差,这种误差来源于影像本身的光谱差异而不代表地表状况实际的变化情况,即使影像经过了准确的大气校正。使用某一幅影像的端元作为参照端元,例如火灾发生之前的端元,同样不能很好地描述火灾后的植被覆盖恢复情况,这是由于火灾前研究区的植被光谱特征可能不同于火灾后的植被光谱特征。因此,为了避免这些情况的发生,我们从时间序列数据中提取了评价端元。整个时间序列数据集中同一物质的端元被集合到一起。其每个波段的反射率值都被记录下来,然后提取每个波段的平均值。这就产生了每个波段的反射率平均值,进而产生了一个评价端元波谱。然后对每一个端元物质进行类似操作,产生一个评价端元集。通过上述过程,产生了研究区的波谱库。

(二)模型反演

本章中,我们使用了 MSAVI(Modified Soil Adjusted Vegetation Index)指数来反演植被覆盖度。选择 MSAVI 的原因是为了尽可能地消除土壤背景的影响。在受森林火灾影响的区域,特别是火烧程度较强的地区,植被覆盖度减小,土壤将在火灾发生之后的一段时间里处于裸露状态。因此,采用不考虑土壤背景的植被指数可能在这一过程中产生误差。MSAVI 的计算公式如下:

$$MSAVI = [2 \times NIR + 1 - \sqrt{(2 \times NIR + 1)^2 - 8 \times (NIR - RED)}]/2 \tag{6-6}$$

本章所使用的基于 MSAVI 的植被覆盖度反演模型由 Baret 等(1995)提出,这是一个将植被指数与植被覆盖度相关联的半经验模型。其计算公式如下:

$$f_v = 1 - (\frac{VI_\infty - VI}{VI_\infty - VI_s})^{K_{fs}/K_{vi}} \tag{6-7}$$

式中,VI_s 为裸土条件下的植被指数值;VI_∞ 为高植被覆盖下的植被指数值;K_{vi} 和 K_{fs} 代表相关性系数。

为了扩大研究中所使用的植被覆盖提取方法的稳定性,将光谱混合分析中提取的纯的植被端元以及土壤端元的值,分别作为以上公式中高植被覆盖下的值以及裸土下的值。因此,基于 MSAVI 的植被覆盖度计算公式为:

$$f_v^{MSAVI} = 1 - (\frac{MSAVI_{GV} - MSAVI}{MSAVI_{GV} - MSAVI_s})^{1.4290} \tag{6-8}$$

K_{fs}/K_{vi} 值从 Baret 等(1995)的研究中获取。

第二节　精度验证及结果分析

一、反演结果

(一)端元提取

SMACC 被应用于数据集中的每一景影像,从中提取出对应的四个端元的数据集,并分别定义其波谱特性。为了实现这一个过程,提取了每个影像端元像元的光谱特征,参照 Jose 等(2010)的研究,并且结合像元的植被指数值来对端元类型进行识别。结果提取了四个类型的端元(见图 6-3),分别为绿色植被端元(Green Vegetation,简称 GV)、裸土端元(Soil,简称 S)、阴影端元(Shadow,简称 Sh)以及非光合作用植被端元(衰老或死亡植被)(Non-Photosynthetic Vegetation,简称 NPV)。NPV 的冠层也具有草本或木本森林结构,如枯草、树干、茎、和树枝等)。在端元数据集中,分别提取了每个波段的不同端元类型的反射率值,然后计算了单个端元类型的波段平均反射率值,得出了四个平均端元。所有影像中单个类型的影像端元的光谱特征是相似的,这一相似性可能来源于影像时间为同一季相。图 6-3 为四个平均端元的光谱特征。

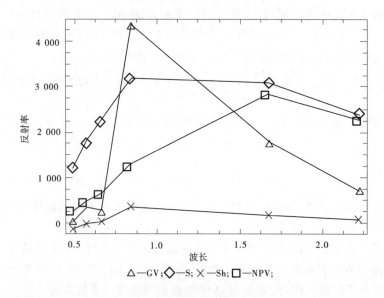

图 6-3　端元波谱曲线特征

(二)植被覆盖提取

对数据集中的每一幅影像进行混合像元分解,即得到各个端元的丰度图像。其中 GV 的丰度图像表示植被覆盖。因此,共得到 4 期基于混合像元分解的植被覆盖图(见图 6-4(b))。

同样,对于每一景影像,采用经验模型的方法反演其植被覆盖度,得到基于MSAVI 指数的经验模型的 4 期植被覆盖图(见图 6-4(a))。

(三)精度验证

以 Google Earth 高精度影像为基础,采用矢量化的方式对反演结果进行了验证(见图 6-5)。

随机选取 15 个样本点,以 Google Earth 高精度影像为基础,对其植被覆盖部分进行矢量化,并计算植被覆盖度,以此作为验证数据。同时提取相应位置的

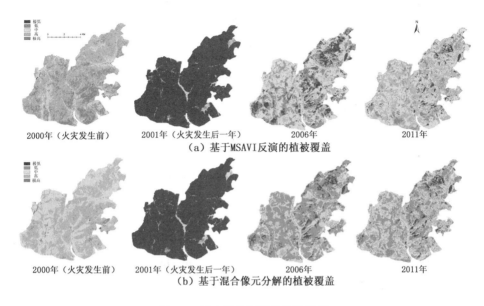

2000年（火灾发生前）　　　2001年（火灾发生后一年）　　　2006年　　　　　　2011年
（a）基于MSAVI反演的植被覆盖

2000年（火灾发生前）　　　2001年（火灾发生后一年）　　　2006年　　　　　　2011年
（b）基于混合像元分解的植被覆盖

图6-4　研究区植被覆盖反演结果

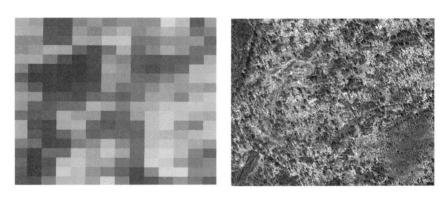

图6-5　TM 影像与 Google Earth 影像

SMA 以及基于经验模型反演的植被覆盖度,并计算与验证数据之间的相对误差及其相关性系数,从而对反演结果进行验证。

　　从表6-2可以看出,混合像元分解所反演的植被覆盖度误差较大,最低误差为 2.17%,最高误差达到59.01%,平均误差34.43%,而且反演结果均远远小于验证数据。而基于经验模型反演的植被覆盖度误差较小,最小相对误差2.44%,最大相对误差41.74%,平均误差21.77%,较之验证数据,反演结果均表现出较大的趋势。

表6-2　植被覆盖度反演结果验证

样本点	验证数据	SMA				基于 MSAVI 的经验模型			
		反演结果	相对误差（%）	误差平均值（%）	相关性系数	反演结果	相对误差（%）	误差平均值（%）	相关性系数
样点 1	0.7228	0.5765	20.24			0.8530	18.02		
样点 2	0.5689	0.5856	2.94			0.7367	29.51		
样点 3	0.6401	0.6262	2.17			0.7436	16.17		
样点 4	0.6571	0.2750	58.15			0.7752	17.98		
样点 5	0.5439	0.6153	13.13			0.7011	28.91		
样点 6	0.9078	0.3721	59.01			0.8856	2.44		
样点 7	0.7404	0.3333	54.99			0.7133	3.66		
样点 8	0.7421	0.3761	49.31	34.43	-0.4115	0.8731	17.66	21.77	0.6151
样点 9	0.6369	0.4576	28.14			0.8691	36.47		
样点 10	0.7553	0.5055	33.07			0.9127	20.83		
样点 11	0.6308	0.5010	20.58			0.8942	41.74		
样点 12	0.8305	0.3895	53.10			0.9388	13.04		
样点 13	0.7369	0.4782	35.11			0.9305	26.29		
样点 14	0.7355	0.4800	34.73			0.9068	23.29		
样点 15	0.6258	0.3019	51.76			0.8166	30.48		

　　相比较而言,基于经验模型的植被覆盖度反演,取得了较好的结果。同时考虑到在对验证数据进行矢量化的过程中,并不能对植被进行全面的选取。因而实际的植被覆盖度应高于表6-2中的验证数据,即基于经验模型的植被覆盖度反演结果精度应该比现在所体现的精度略高。因此,将基于经验模型的植被覆盖度反演结果作为基础数据,之后的火烧迹地植被恢复分析均以它为基础来进行。

二、植被再生过程分析

　　火烧迹地的植被再生过程是以 MSAVI 指数反演的植被覆盖度为衡量指标来进行的。分别对 2001 年与 2000 年、2006 年与 2001 年以及 2011 年与 2006 年间的植被覆盖度进行比较,得到图 6-6。

　　由图 6-6(a)可以看出,火灾的发生对研究区的植被覆盖造成了非常严重的影响,火灾发生后几乎所有的地区植被覆盖均呈现下降趋势,只有极少部分地区

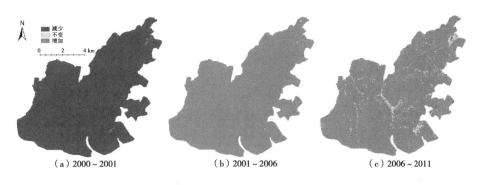

（a）2000～2001　　　　　（b）2001～2006　　　　　（c）2006～2011

图 6-6　植被覆盖变化比较

呈现不变或者增加趋势。结合火烈度分级（见图 6-2），这些分布零星的植被覆盖呈不变或者增加的地区，火烈度等级均表现为微度，表明这些地区受火灾影响程度非常小甚至几乎没有影响。

　　结合上一章的内容，火灾发生后火烧迹地无论是植被指数值还是其植被净初级生产力均在火灾发生后的次年表现为最小值。因此，这里认为植被覆盖度也遵循这样的规律，即 2001 年的植被覆盖度表现为最小值，之后从 2002 年开始恢复。由图 6-6(b)并结合火烈度分级（见图 6-2）可以看出，整个研究区几乎所有火烈度下，植被覆盖度在 2001～2006 年间均表现出增加趋势，少量的不变或者减少区域仍全部位于微度火烧区。

　　而从 2006～2011 年的植被覆被变化（见图 6-6(c)）来看，植被覆盖度的变化表现出不同的过程。结合火烈度分级（见图 6-2）来看，在这一时间段内植被覆盖度减少的区域绝大多数位于微度和轻度火烧区，其可能的状况为，经过2002～2006 年 5 年的植被恢复，微度和轻度火烧去植被覆盖已经恢复到较高的状态，其植被覆盖度在 2011 年的少量减少可能来自于其他原因（如气候条件变化等）。植被覆盖度不变的区域有了一定程度的增加且在各个火烈度等级下均有分布。植被覆盖度增加的区域仍旧占据主要地位，表明整个火烧迹地的植被覆盖度在这一时间段内仍主要呈现增加的趋势。其中，微度和轻度火烈度下分布较少，且植被覆盖度增加幅度较小，中度火烈度下的分布居中，植被增加的区域主要分布于重度和极重度火烈度下。

　　为了更好地对植被覆盖变化状况进行分析，分别对 2001～2006 年以及 2006～2011 年两个时间段内的不同火烈度下的植被增加情况进行分析。从图 6-7(a)以及表 6-3 可以看出，在植被恢复的第一个 5 年时间段内，所有火烈度等级下，植被增加均表现出非常明显的特征，增长幅度较大，植被增加 80% 以上所占比例均为最高。其中，微度火烧强度下，植被增加 80% 以上所占比例最小，为

34.39%,轻度、中度、重度以及极重度火烧强度下,植被增加80%以上面积所占比例均超过了90%,分别为93.39%、98.20%、97.83%以及96.55%。只有在微度火烧强度下出现了植被覆盖度减少或者不变的情况,且该火烧强度下各植被恢复等级较为均衡,差距较小。因此,在这一时间段内,火烧迹地的植被恢复表现为显著的增加阶段。

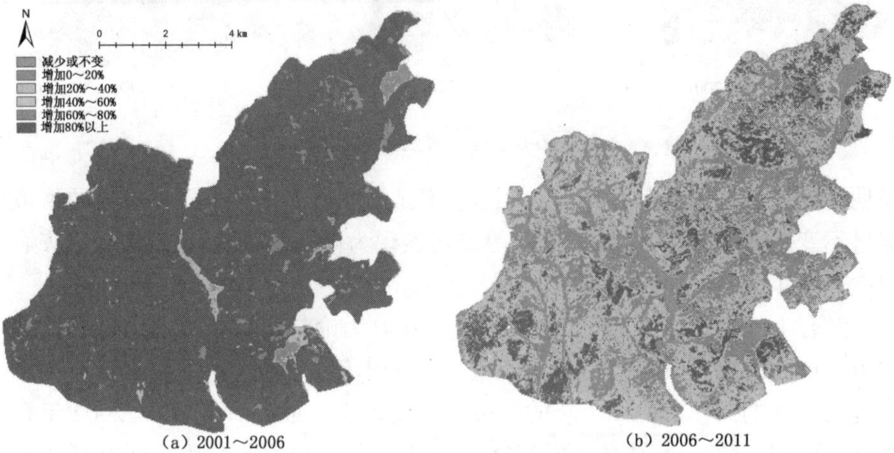

(a) 2001~2006   (b) 2006~2011

图 6-7　植被覆盖恢复

表 6-3　植被恢复情况(2001~2006 年)

火烈度	恢复情况					
	植被覆盖减少或不变	增加 0~20%	增加 20%~40%	增加 40%~60%	增加 60%~80%	增加 80%以上
微度(hm²)	10.08	74.88	72.18	41.58	25.56	117.54
轻度(hm²)	—	11.16	5.49	9.72	13.68	565.65
中度(hm²)	—	22.95	0.54	1.26	1.62	1 441.44
重度(hm²)	—	67.68	1.17	0.99	0.72	3 177.90
极重度(hm²)	—	80.73	1.26	1.71	1.71	2 391.12

　　从图 6-7(b)以及表 6-4 可以看出,在 2006~2011 年,植被恢复的第二个时间段范围内,植被的恢复情况与第一阶段表现出明显的差异,各火烈度下植被覆盖的变化过程不尽相同。在微度火烧强度下,植被覆盖减少或者不变所占比重最大,达到 57.98%,其次为植被覆盖增加 0~20%所占的比例,为 38.23%,其他

部分所占比例均较小,依次分别为2.58%、0.42%、0.16%和0.63%。

表6-4　植被恢复情况(2006~2011年)

火烈度	恢复情况					
	植被覆盖减少或不变	增加 0~20%	增加 20%~40%	增加 40%~60%	增加 60%~80%	增加 80%以上
微度(hm²)	198.18	130.68	8.82	1.44	0.54	2.16
轻度(ha)	80.64	383.85	109.44	21.24	5.58	4.95
中度(hm²)	78.48	604.35	547.38	158.4	43.92	35.28
重度(hm²)	137.52	765.99	1 089.36	617.58	286.29	351.72
极重度(hm²)	101.7	308.7	611.37	506.7	315.72	632.34

在轻度火烧强度下,植被覆盖增加0~20%所占的比重最大,为63.73%,其次为植被覆盖减少或不变以及植被增加20%~40%的部分,分别占13.31%和18.07%,剩余部分所占比例较小,依次分别为3.51%、0.92%以及0.82%。

中度火烧强度与轻度火烧强度下表现出类似的特征,植被覆盖增加0~20%所占的比例最大,为41.17%,其次为植被覆盖增加20%~40%的部分,所占比例为37.29%。此外,植被覆盖增加40%~60%所占的比例也超过了10%,达到10.97%。其他植被增加情况所占比例较小,依次分别为5.35%、2.99%和2.40%。

在重度火烧强度下,植被覆盖增加20%~40%所占的比重最大,为33.53%。其次为植被覆盖增加0~20%和植被覆盖增加40%~60%的部分,所占比重分别为23.58%和19.01%。植被覆盖增加60%~80%以及80%以上的部分所占比重在10%左右,分别为10.83%和8.81%。植被覆盖减少或者不变所占的比重最小,只有4.23%。

在极重度火烧强度下,植被覆盖增加80%以上、植被覆盖增加20%~40%以及植被覆盖增加40%~60%所占的比重均超过了20%,并且植被覆盖增加80%以上为最大,三种情况所占比例依次为25.53%、24.69%和20.46%。其次,为植被覆盖度增加60%~80%以及0~20%的部分,分别为12.75%以及12.47%。同重度火烧强度下类似,植被覆盖减少或者不变所占的比例最小,为4.11%。

综上所述,可以看出两个时间段内的植被恢复过程表现出明显的差异。在第一个时间段内,植被覆盖增加80%以上为最显著的特征,说明火烧迹地在植被恢复的开始5年里增长速度最为明显。而在植被恢复的第二个5年里,不同的火烧强度下的植被恢复过程开始表现出明显的差异。火烈度越高,植被的恢复率越大,同时也表现出植被的恢复程度较低。

对2011年的植被覆盖度与火灾发生前(2000年6月)的植被覆盖度进行比较(见图6-8、见表6-5),可以看出,在火灾发生11年以后,火烧迹地的植被覆盖恢复情况良好,但仍未达到火烧前的水平,整体恢复率为79.07%,且植被覆盖度恢复40%所占比重达到93.98%。其中,植被覆盖度恢复80%以上所占比重最大,达到52.21%,其次为植被覆盖度恢复60%～80%以及40%～60%的部分,分别为26.10%以及15.68%。植被覆盖恢复较差的地区,及恢复20%～40%和0～20%的部分所占的比例很小,分别为4.05%及1.97%。

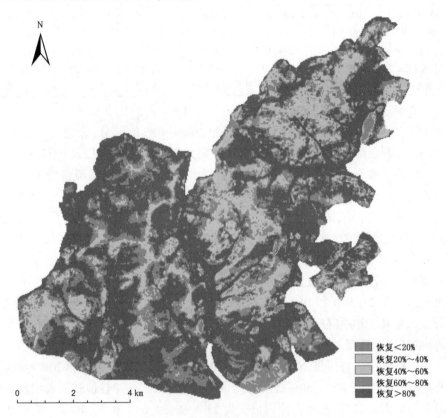

图 6-8　植被覆盖总体恢复

表 6-5　植被覆盖恢复情况

火烈度	恢复情况				
	恢复 0～20%	恢复 20%～40%	恢复 40%～60%	恢复 60%～80%	恢复 80%以上
微度(hm²)	3.96	0.81	1.44	3.78	331.83
轻度(hm²)	6.84	3.33	3.15	21.51	570.87
中度(hm²)	19.98	12.06	29.61	144.45	1 261.71
重度(hm²)	63.54	122.58	405.00	1 000.98	1 656.36
极重度(hm²)	65.79	190.80	836.91	953.82	429.21

从不同火烈度下的植被恢复来看,微度及轻度火烧强度下,植被的恢复最好,植被覆盖度恢复80%以上所占面积分别为97.08%以及94.25%。如果再考虑植被恢复60%~80%的部分,即植被覆盖度恢复60%以上的部分,则所占比例达到98.19%及97.80%。其次为火烈度为中度的区域,植被覆盖的恢复程度较好,恢复80%以上的区域占85.96%。重度火烧强度下的植被恢复较差,恢复80%以上的区域只占到总面积的50.99%。极重度火烧强度下的植被恢复最差,植被覆盖度恢复80%以上的区域只占到17.33%。

总体来看,除极重度火烧强度外,其余火烈度等级下植被覆盖度恢复80%以上区域所占比重均为最大。而极重度火烧强度下,植被覆盖度恢复60%~80%的区域所占比重最大,其次为恢复40%~60%的区域。表明除极重度火烧强度外,其他火烈度下植被经过11年的恢复过程均得到了较好的再生。而极重度火烧强度下,植被仍需要一定时间才能达到恢复前的水平。

本章小结

火烈度是衡量火灾对于地表植被破坏的重要指标。不同的火烈度等级下,植被的恢复过程将存在很大差异。因此,本章选取2000年发生于大兴安岭地区的特大森林火灾,对其火灾后不同火烈度等级下的植被恢复过程进行了分析。

首先,采用火灾发生前后的TM/ETM,分别对其NBR进行了计算,并进一步计算得到两者之间的差值dNBR。以dNBR为基础对火烈度进行等级划分,将其划分为微度、轻度、中度、重度以及极重度五个等级,并得到研究区火烈度等级分布图,作为火烧迹地植被恢复研究的基础数据。

然后,同样以TM/ETM数据为基础,分别采用混合像元分解以及模型反演的方法对研究区的植被覆盖度进行了反演。得到了研究区四期植被覆盖度数据,分别为火灾发生前(2000年6月)、火灾发生后一年(2001年7月)、火灾发生后第六年(2006年8月)以及火灾发生后第十一年(2011年7月)。以Google Earth高精度影像为基础,对两种方法的反演结果进行了验证。通过验证结果的比较发现,采用经验模型反演的植被覆盖度具有较高的精度,因而将其作为植被恢复分析的基础数据。

最后,以火烈度分布图为基础,对不同火烈度等级下的植被覆盖度恢复过程进行了分析。结果表明,在火灾发生后的11年里,地表植被呈现持续增长的趋势,植被恢复总体较好,但仍未恢复到火烧前的水平。在植被恢复的第一个5年时间段内(2001~2006年),植被增长速率较快,所有火烈度等级下,植被增加

80%以上的区域均占据主要地位。而到第二个 5 年时间段内(2006~2011 年),植被增长速率减缓,各火烈度等级下的植被恢复过程出现明显差异。从总体植被恢复特征来看,除极重度火烧强度外,其他火烈度等级下的植被均得到了较好的恢复,植被恢复 80%以上的区域所占比重最大。而在极重度火烧强度下,植被恢复 80%以上的区域只占到 17. 33%,比重最高的为植被恢复 60%~80%的区域,其次为 40%~60%的区域。表明这一火烈度等级下,植被的恢复过程还在继续,仍需要较长的时间才能恢复到火烧前的水平。

第七章 结论与展望

　　黑龙江流域地处欧亚大陆温带草原东缘及北方森林南缘的过渡地带,同时地跨中、蒙、俄三国,极高的植被覆盖度及其特有的气候条件,使其成为受森林火灾影响较为严重的一个区域。本书在总结和评述国内外基于遥感的火烧迹地植被动态研究的基础上,选择黑龙江流域作为研究区,对其 2000 年以来的火烧迹地信息进行了提取,并选取典型火灾案例,对火烧迹地的植被恢复过程进行了研究。首先,以 MODIS 时间序列地表反射率数据以及 MODIS 火灾产品数据为基础,提出了区域尺度下的火烧迹地提取算法,产生了研究区 2000~2011 年的火烧迹地分布图。然后,以此为基础,分别从定性和定量角度对典型火烧迹地的植被恢复过程进行了分析。其中,以植被物候特征为分析手段,对火烧迹地的植被动态变化过程进行了定性分析。随后,以目前火烧迹地研究中应用较为广泛的植被指数(EVI 及 NDSWIR)以及植被净初级生产力(NPP)为评价指标,对火烧迹地的植被恢复过程进行了定量研究。最后,以 EM/ETM 数据为基础,选取 2000 年 6 月发生于大兴安岭地区的特大森林火灾为研究案例,分析了不同火烈度下的植被恢复过程。

第一节　主要结论

　　本书对于黑龙江流域 2000~2011 年的火烧迹地及其植被恢复进行研究,主要得到以下结论:

　　(1)基于 MODIS 时序数据能够有效地对区域尺度下的火烧迹地信息进行提取。研究首先提出了基于 MODIS 地表反射率以及火灾产品数据的黑龙江流域火烧迹地提取算法,并以黑龙江省为典型研究区对算法精度进行了验证,结果表明,火烧迹地提取算法总体精度为 71%,较之以往的区域尺度下的火烧迹地提取算法有了很大的提高。可以满足区域尺度下的火烧迹地研究。

　　(2)黑龙江流域 2000~2011 年受火灾影响严重。研究区 2000~2011 年,年均过火面积达 53.21 万 hm²,年际间波动较大,最为严重的年份是 2003 年,火烧迹地面积达 146.79 万 hm²,而受火灾影响最小的年份(2010 年),过火面积仅为 18.39 万 hm²。火灾主要分布于俄罗斯境内以及我国黑龙江省境内森林覆被率较高的区域。

（3）在没有人为干扰的条件下，火烧迹地地表植被动态变化过程缓慢，特别是在火烧强烈的地区，地表植被体现出森林的特征需要很长的时间。以 Logistic 模型拟合与动态阈值相结合的方法对黑龙江流域 2000 年 6 处火烧迹地的植被指数特征曲线进行了提取，用以分析火烧前后的植被动态过程。选取 EVI 每年的最大值、最小值、平均值、振幅、生长始期、生长末期以及生长季长度 7 个物候特征参量作为描述火烧迹地植被恢复的指标。结果显示，火灾发现前后 EVI 表现出明显差异，火烧将造成地表植被的显著减少。在火烧较轻的地区，植被恢复较快，如 6 号火烧迹地；而在火烧较为严重的区域，火烧后基本表现为草地的状态，并逐年恢复，恢复过程受各种环境因子的影响，恢复过程缓慢，甚至经过 10 年的恢复仍表现为草地。

（4）火烧迹地植被指数及 NPP 的恢复表现出相似的过程，且恢复过程较为缓慢。选取 EVI 与 NDSWIR 两种植被指数作为火烧迹地植被恢复研究的定量评价指标，依据一定的样本选择条件，对黑龙江流域火烧迹地的植被恢复过程进行了分析。结果表明，火灾的发生对研究区森林覆被地区的 EVI 以及 NDSWIR 值有极为显著的影响，造成两者的显著下降，火灾发生后的次年表现为最小值，之后开始恢复。初期恢复速度较快，之后开始变缓，并且需要 7~8 年的时间才能接近火烧前的值。此外，选取 NPP 作为另一个指标对火烧迹地的植被恢复过程进行分析。研究使用了 MODIS 年均 NPP 数据。结果表明，NPP 的恢复过程与植被指数表现出类似的特征，火灾发生次年 NPP 值下降到最小值，之后开始恢复。恢复过程可能出现波动的情况，但总体呈增长趋势，恢复过程需要 7 年左右的时间。

（5）不同森林覆被类型下的植被恢复过程存在一定差异，相比较而言，针叶林地区恢复速率较慢，阔叶林及混交林地区恢复速率较快。分别针对研究区的主要森林覆被类型，对其火烧后的植被指数动态特征进行了分析。结果表明，各种森林覆被类型下，EVI 以及 NDSWIR 的恢复过程较为相似。火灾的发生无论对于哪种森林覆被类型，都会造成其植被指数的显著变化。在火烧后的植被恢复过程中，受年际气候差异的影响，其变化过程可能出现波动，但总体趋势表现为增加。就恢复速度而言，针叶林地区恢复速度较慢，而阔叶林与混交林地区恢复速度较快。

不同森林覆被类型下的 NPP 恢复速度同样表现为针叶林地区较慢，需要 7~8 年的时间，而阔叶林与混交林地区恢复速度较快，需要 6 年左右的时间。

（6）不同火烈度下的植被恢复过程差异明显。以火烈度分布图为基础，对不同火烈度等级下的植被覆盖度恢复过程进行了分析。结果表明，在火灾发生后的 11 年里，地表植被呈现持续增长的趋势，植被恢复总体较好，但仍未恢复到火烧前的水平。在植被恢复的第一个 5 年时间段内(2001～2006 年),植被增长速率较快,所有火烈度等级下,植被增加 80% 以上的区域均占据主要地位。而到第二个 5 年时间段内(2006～2011 年),植被增长速度减缓,各火烈度等级下的植被恢复过程出现明显差异。从总体植被恢复特征来看,除极重度火烧强度外,其他火烈度等级下的植被均得到了较好的恢复,植被恢复 80% 以上的区域所占比重最大。而在极重度火烧强度下,植被恢复 80% 以上的区域只占到17. 33%,比重最高的为植被恢复 60%～80% 的区域,其次为 40%～60% 的区域。表明这一火烈度等级下,植被的恢复过程还在继续,仍需要较长的时间才能恢复到火烧前的水平。

第二节　不足与展望

　　本书尝试分别从定性和定量的角度去分析黑龙江流域火烧迹地的植被动态变化过程,但一方面由于黑龙江流域地理环境本身的复杂性以及遥感反演算法的不确定性;另一方面受限于数据、时间以及作者的能力水平,作者认为今后仍需要在以下方面开展更为深入的探讨与研究。

一、火烧迹地提取算法的改进

　　相对于以往选择过火面积大于 200 hm² 的森林火灾进行验证的算法研究(Emilio et al. , 2008),基于 MODIS 数据空间分辨率以及提取结果滤波处理的需求,我们将过火面积大于 60 hm² 的森林火灾作为验证数据,提高了对算法精度的要求。结果显示,虽然算法的漏判以及误判精度均有所提高,但主要的漏判误差仍来源于 100 hm² 左右的森林火灾。证明由于遥感数据空间分辨率的局限,算法对于面积较小的火烧迹地提取具有一定难度。而空间分辨率相对较高的遥感数据,如 TM 数据,其时间分辨率却难以满足火烧迹地信息提取的要求。遥感数据融合成为解决这一问题的较好方法,采用适当的算法生成高空间分辨率且高时间分辨率的遥感数据将极大地提高算法的精度。

二、植被物候参数提取模型的改进

　　虽然在近 10 年的全球环境变化及应用研究的驱动下,遥感植被物候研究得到了快速的发展,许多学者提出了基于遥感技术反演植被物候的方法,但大多集中于热量主导型的生态系统,而对于水分驱动的生态系统研究较少。在本书中,仅采用动态阈值与模型拟合相结合的方法,提取火烧迹地的植被物候特征,算法仍有待改进。

三、火烧迹地植被恢复定性分析方法

本书采用 MODIS 时序数据,提取了火烧迹地的相关物候参量,并以此为基础对火烧迹地的植被恢复过程进行了定性分析。由于反演算法及数据的限制,仅分析了火烧迹地从草地到林地的变化过程。而高空间分辨率特别是高光谱分辨率遥感数据甚至可以有效地实现对单体植被的识别,如何将高空间分辨率以及高光谱分辨率的遥感数据应用到火烧迹地的植被再生研究,将可能成为未来研究发展的趋势。

四、火烧迹地实地调查验证数据的缺乏

火灾通常发生于植被覆盖度高的区域,而这些区域往往地处偏僻,交通可达性较低,为获取相应的实地调查数据带来了一定的困难。缺乏现场采样数据,这也是当前火烧迹地植被恢复研究中普遍存在的问题。虽然在第六章的研究中采用了高精度的遥感影像作为验证数据,但作者认为,在条件允许的情况下,实地调查数据仍必不可少。

参 考 文 献

[1] Achim R, Joachim H, Beatriz D, et al. Using long time series of Landsat data to monitor fire events and post-fire dynamics and identify driving factors. A case study in the Ayora region (eastern Spain). Remote Sensing of Environment, 2008, 112: 259-273.

[2] Amiro B D, Chen M, Liu J. Net primary productivity following forest fire for Canadian ecoregions. Canadian Journal of Forest Research, 2000, 30: 939-947.

[3] Amiro B D, Orhcansky A L, Barr A G. The effect of post-fire stand age on the boreal forest energy balance. Agricultural and Forest Meteorology, 2006, 140: 41-50.

[4] Amiro B D, Stocks B J, Alexander M E, et al. Fire, climate change, carbon and fuel management in the Canadian boreal forest. International Journal of Wildland Fire, 2001, 10: 405-413.

[5] Amiro B, MacPherson J, Desjardins R. BOREAS flight measurements of forest fire effects on carbon dioxide and energy fluxes. Agricultural and Forest Meteorology, 1999, 96: 199-208.

[6] Arai K. Nonlinear mixture model of mixed pixels in remote sensing satellite images based on Monte Carlo simulation. Advances in Space Research, 2008, 41: 1725-1743.

[7] Askeyev O V, Sparks T H, Askeyev I V, et al. East versus West: contrasts in phonological patterns. Global Ecology and Biogeography, 2010, 19: 783-793.

[8] Asner G, Lobell D. A biogeophysical approach for automated SWIR unmixing of soils and vegetation. Remote Sensing of Environment, 2000, 74: 99-112.

[9] Asner G. Biophysical and biochemical sources of variability in canopy reflectance. Remote Sensing of Environment, 1998, 64: 234-253.

[10] Atkinson P, Cutler M, Lewis H. Mapping sub-pixel proportional land-cover with AVHRR imagery. International Journal of Remote Sensing, 1997, 18: 917-935.

[11] Ayres M P, Lombardero M J. Assessing the consequences of global change for forest disturbance from herbivores and pathogens. Science of Total Environ-

ment, 2000, 262: 263-286.

[12] Balzter h, Gerard F F, George C T, et al. Impact of the Arctic Oscillation pattern on interannual forest fire variability in Central Siberia. Geophysical Research Letters, 2005, 32, L1470 9. 1-L14709. 4.

[13] Balzter H, Gerard F, George C, et al. Coupling of vegetation growing season anomalies and fire activity with hemispheric and regional-scale climate patterns in central and east Siberia. J Climate, 2007, 20: 3713-3729.

[14] Barbosa P M, Gregoire J M, Pereira J M C. An algorithm for extracting burned areas from time series of AVHRR GAC data applied at a continental scale. Remote Sensing of Environment, 1999, 69: 253-263.

[15] Baret F, Clevers J C P W, Steven M D. The robustness of canopy gap fraction estimates from red and near-infrared reflectances: a comparison of approaches. Remote of Environment, 1995, 54: 141-151.

[16] Beauty R, Taylor A. Spatial and temporal variation of fire regimes in a mixed conifer forest landscape, southern Cascades, California, USA. Journal of Biogeography, 2001, 28: 955-966.

[17] Beck P S A, Atzberger C, Hogda K A, et al. Improved monitoring of vegetation dynamics at very high latitudes: A new method using MODIS NDVI. Remote Sensing of Environment, 2006, 100: 321-334.

[18] Belda F, Melia J. Relationships between climatic parameters and forest vegetation: application to burned area in Alicante (Spain). Forest Ecology and Management, 2000, 135: 195-204.

[19] Bertolette D, Spotskey D. Remotely sensed burn severity mapping. In: H. David Harmon, Michigan, Crossing Boundaries in Park Management: Proceeding of the 11th Conference on research and Resource Management in Parks and on Public Lands, 2001, The George Wright Socieyt: 44-51.

[20] Betancourt J L, Schwartz M D, Breshears D D, et al. Implementing a U. S. National Phenology Network. 2011, http://www. usanpn. org/files/publications/Beatancourt_etal_2005. pdf, Feb. (EOS Trans. AGU 86, 539-541).

[21] Bisson M, Fornaciai A, Coli A, et al. The vegetation resilience after fire (VRAF) index: development, implementation and an illustration from central Italy. International Journal of Applied Earth Observation and Geoinformation, 2008, 10: 312-329.

[22] Bobbe T, Lachowski H, Maus P, et al. A primer on mapping vegetation using

remote sensing. International Journal of Wildland Fire, 2001, 10: 277-287.

[23] Bond-Lamberty B, Wang C, Gower S T. Net primary production and net eco-system production of a boreal black spruce wildfire chronosequence. Global Change Biology, 2004, 473-487.

[24] Buermann W, Anderson B, Tucker C J, et al. Interannual covariability in northern hemisphere air temperatures and greenness associated with El Nino-Southern Osillation and the Arctic Oscillation. Journal of Geophysical Research, 2003, 108: 4396.

[25] Cai H Y, Zhang S W, Bu K, et al. Intergrating geographical data and pheno-logical characteristics derived from MODIS data for improving land over mapping. Journal of Geographic Sciences, 2011, 21(4): 705-718.

[26] Calvo L, Tarrega R, Luis E. The dynamics of Mediterranean shrubs species over 12 years following perturbations. Plant Ecology, 2002, 160: 25-42.

[27] Carl H K. Ecological and sampling constraints on defining landscape fire se-verity. Fire Ecology, 2006, 2(2): 34-59.

[28] Carlson T, Ripley T. On the relation between NDVI, fractional vegetation cov-er and leaf area index. Remote Sensing of Environment, 1997, 62: 241-252.

[29] Chen X Q, Hu B, Yu R. Spatial and temporal variation of phonological grow-ing season and climate change impacts in temperate eastern China. Global Change Biology, 2005, 11: 1118-1130.

[30] Chmielewske F M, Rostzer T. Response of tree phenology to climate change across Eruope. Agricultural and Forest Meteorology, 2001, 108: 101-112.

[31] Chuvieco E, Martin M P, Palacios A. Assessment of different spectral indices in the red-near-infrared spectral domain for burned land discrimination. Inter-national Journal of Remote Sensing, 2002, 23:5103-5110.

[32] Chuvieco E. Satellite observation of biomass burning: Implications in global change research. In E. Chuvieco (Ed.), Earth observation and global change. New York: Springer, 2008.

[33] Cleland E E , Chuine I, Menzel A, et al. Shifting plant phenology in response to global change. Trends in Ecology and Evolution, 2007, 22(7): 357-365.

[34] Clement R, Navarro C R, Gitas I. Monitoring post-fire regeneration in Medi-terranean ecosystems by employing multitemporal satellite imagery. Interna-tional Journal of Wildland Fire, 2009, 18: 648-658.

[35] Cormack K J, Landsbrg J D, Everett R L. Assessing the impacts of sever fire

on forest ecosystem recovery. Journal of Sustainable Forestry, 2001, 11: 177-228.

[36] Crimmins T M, Crimmins M A, Bertelsen C D. Complex responses to climate drivers in onset of spring flowering across a semi-arid elevation gradient. Journal of Ecology, 2010, 98: 1042-1051.

[37] Cuevas-Gonzalez M, Gerard F, Baltzer H, et al. Analysing forest recovery after wildfire disturbance in boreal Siberia using remotely sensed vegetation indices. Global Change Biology, 2009, 15: 561-577.

[38] Cuevas-Gonzalez M, Gerard F, Baltzer H, et al. Analysing forest recovery after wildfire disturbance in boreal Siberia using remotely sensed vegetation indices. Global Change Biology, 2009, 15: 561-577.

[39] Curz A, Perez B, Moreno J M. Resprouting of the Mediterranean type shrub Erica australis with modified lignotuber carbohydrate content. Journal of Ecology, 2003, 91: 348-356.

[40] Dalel T, Bruce M K. Fire history of a sequoia-mixed conifer forest. Ecology, 1979, 60(1): 129-142.

[41] Daskalakou E N, Thanos C A. Postfire regeneration of Aleppo pine – The temporal pattern of seeding recruitment. Plant Ecology, 2004, 171: 81-89.

[42] De Luis M, Garcia-Cano M, Cortina J, et al. Climatic trends, disturbances and short-term vegetation dynamics in a Mediterranean shrubland. Forest Ecology and Management, 2001, 147: 25-37.

[43] Diaz-Delgado R, Lloret F, Pons X. Influence of fire severity on plant regeneration by means of remote sensing. International Journal of Remote Sensing, 2003, 24: 1751-1763.

[44] Diaz-Delgado R, Lloret F, Pons X. Influence of fire severity on plant regeneration by means of remote sensing imagery. International Journal of Remote Sensing, 2003, 24: 1751-1763.

[45] Dixon R K, Brown S, Houghton R A, et al. Carbon pools and flux of global forest ecosystems. Science, 1994, 263: 185-190.

[46] Dozier J. A method for satellite identification of surface temperature fields of subpixel resolution. Remote Sensing of Environment, 1981, 11: 221-229.

[47] Eklundh L, Jonsson P. Timesat 3.0 Software Manual, Lund University, Sweden, 2009.

[48] Emilio C, Peter E, Alexander P T, et al. Generation of long time series of

burn area maps of the boreal forest from NOAA-AVHRR composite data. Remote Sensing of Environment, 2008, 112: 2381-2396.

[49] EPA. Inventory of U. S. Greenhouse Gas Emissions and Sinks: 1990-1999. In: Environmental Protection Agency, U. S. , 2001.

[50] Epting J, Verbyla D L. Landscape level interactions of pre-fire vegetation, burn severity, and post-fire vegetation over a 16-year period in interior Alaska. Canadian Journal of Forest Research, 2005, 35: 1367-1377.

[51] Escuin S, Fernandez-Rebollo P, Navarro R M. Aplicacion de escenas Landsat a la asignacion de grados de afectacion producidos por incendios forestales. Revista de Teledeteccion, 2002, 1: 25-36.

[52] Eshel A, Henig-Sever N, Neeman G. Spatial variation of seedling distribution in an east Mediterranean pine woodland at the beginning of post-fire succession. Plant Ecology, 2000, 148: 175-182.

[53] Farina A. Principles and methods in landscape ecology. Chapman and Hall, 1998.

[54] Fischer A. A model for the seasonal variations of vegetation indices in coarse resolution data and its inversion to extract crop parameters. Remote Sensing of Environment, 1994, 48(2): 220-230.

[55] Flannigan M D, Logan K A, Amiro B D. Future area burned in Canada. Climatic Change, 2005, 72: 1-16.

[56] Fraser R H, Li Z. Estimation fire-related parameters in boreal forest using SOPT VEGETATION. Remote Sensing of Environment, 2002, 82: 95-110.

[57] Fraser R H, Li Z, Cihlar J. Hotspot and NDVI Differencing Synergy (HANDS): A new technique for burned area mapping over boreal forest. Remote Sensing of Environment, 2000, 74, 362-276.

[58] Frey K E, Smith L C. Recent temperature and precipitation increases in West Siberia and their association with the Arctic Oscillation. Polar Research, 2003, 22: 287-300.

[59] Friedl M A, Sulla-Menashe D, Tan B, et al. MODIS Collection 5 global land cover: Algorithm refinements and characterization of new datasets. Remote Sensing of Environment, 2010, 114: 168-182.

[60] Gao B C. NDWI-a Normalized Difference Water Index for remote sensing of vegetation liquid water from space. Remote Sensing of Environment, 1996, 58: 257-226.

[61] Garcia-Ruiz J, Lasanta T, Ruiz-Flano P, et al. Land-use changes and sustainable development in mountain areas: A case study in the Spanish Pyrenees. Landscape Ecology, 1996, 11: 267-277.

[62] George C, Rowland C, Gerard F, et al. Retrospective mapping of burnt areas in Central Siberia using a modification of the Normalised Difference Water Index. Remote Sensing of Environment, 2006, 104: 346-359.

[63] Gerard F, Plummer S, Wadsworth R, Ferreruela A, et al. Forest fire scar detection in the boreal forest with multitemporal SPOT-VEGETATION data. IEEE Transactions on Geoscience and Remote Sensing, 2003, 41: 2575-2585.

[64] Giglio L, Descloitres J, Justice C O, et al. An enhanced contextual fire detection algorithm for MODIS. Remote Sensing of Environment, 2003, 87: 273-282.

[65] Giglio L, Van der Werf G R, Randerson J T, et al. Global estimation of burned area using MODIS active fire observations. Atmospheric Chemistry and Physics, 2006, 6: 957-974.

[66] Gillet N P, Weaver A J, Zwiers F W, et al. Detecting the effect of climate change on Canadian forest. Geophysical Research Letters, 2004, 31, L18211. doi:18210. 11029/12004GL02 0876.

[67] Gillet N P, Weaver A J, Zwiers F W, et al. Detecting the effect of climate change on Canadian forest fires. Geophysical Research Letters. , 2004, 31, L18211. doi: 18210. 11029 /12004GL020876.

[68] Gitas I, De Santis A, Mitri G. Remote sensing of burn severity. In: Chuvieco, E. ,. (Eds), Earth observation of wildland fires in Mediterranean ecosystems. Springer-Verlag, Berlin, 2009: 129-148.

[69] Goetz S J, Fiske G J, Bunn A G. Using satellite time-series data sets to analyze fire disturbance and forest recovery across Canada. Remote Sensing of Environment, 2006, 101: 352-365.

[70] Gouveia C, DaCamara C, Trigo R M. Post-fire vegetation recovery in Portugal based on spot/vegetation data. Natural Hazards and Earth System Sciences, 2010, 10: 4559-4601.

[71] Gruninger J A, Ratkowski J, Hoke M L. The sequential maximum angle convex cone(SMACC) endmember model. Proceedings SPIE Algorithms for Multispectral and Hype-spectral and Ultraspectral Imagery, 2004, (5425-1):

255-269.

[72] Hall F, Botkin D, Strebel D, et al. Large-scale patterns of forest succession as determined by remote sensing. Ecology, 1991, 72: 628-640.

[73] Hanes T L. Succession after fire in the chaparral of southern California. Ecological Monographs, 1971, 41: 27-52.

[74] Hardisky M A, Klemas V, Smart R M. The influences of soil salinity, growth form, and leaf moisture on the spectral reflectance of Spartina alterniflora canopies. Photogrammetric Engineering and Remote Sensing, 1983, 49: 77-83.

[75] Henry M, Hope S. Monitoring post-burn recovery of chaparral vegetation in southern California using multi-temporal satellite data. International Journal of Remote Sensing, 1998, 19: 3097-3107.

[76] Heumann B W, Seaquist J W, Eklundh L, et al. AVHRR derived phenological change in the Sahel and Soudan, Africa, 1982-2005. Remote Sensing of Environment, 2007, 108: 385-392.

[77] Hicke J A, Asner G P, Kasischke E S, et al. Postfire response of North American boreal forest net primary productivity analyzed with satellite observations. Global Change Biology, 2003, 9, 1145-1157.

[78] Hickler T, Eklundh L, Seaquist J, et al. Precipitation controls Sahel greening trend. Geophysical Research Letters, 2005, 32, L21415.

[79] Huete A R, Didan K, Miura T, et al. Overview of the radiometric and biophysical performance of the MODIS vegetation indices. Remote Sensing of Environment, 2002, 83: 195-213.

[80] IPCC. Climate Change 2007: The Physical Science Basis. Summary for Policymakers. In I. P. O. C CHANGE(Ed.). Geneva IPCC Secretariat, 2007.

[81] Jacobson C. Use of linguistic estimates and vegetation indices to assess postfire vegetation regrowth in woodland areas. International Journal of Wildland Fire, 2010, 19: 94-103.

[82] Jay D M, Stephen R Y. Mapping forest post-fire canopy consumption in several overstory types using multi-temporal Landsat TM and ETM data. Remote Sensing of Environment, 2002, 82: 481-496.

[83] Jay D M, Andrea E T. Quantifying burn severity in a heterogeneous landscape with a relative version of the delta Normalized Burn Ratio(dNBR). Remote Sensing of Environment, 2007, 109: 66-80.

[84] Jose A, Moreno R, David R, et al. Burned area mapping time series in Cana-

da (1984-1999) from NOAA-AVHRR LTDR: A comparison with other remote sensing products and fire perimeters. Remote Sensing of Environment, 2012, 117: 407-414.

[85] Jose P S V, Paulo B. Post-fire vegetation regrowth detection in the Deiva Marina region(Liguria-Italy) using Landsat TM and ETM+ data. Ecological Modelling, 2010, 221: 75-84.

[86] Jupp T E, Taylor C M, Balzter H, et al. A statistical model linking Siberian forest fire scars with early summer rainfall anomalies. Geophys Res Lett, 2006, 33: L14701.

[87] Kashian D M, Romme W H. Carbon storage on landscapes with stand-replacing fires. BioScience, 2006, 56: 598-606.

[88] Kasischke E S, French N H F. Constraints on using AVHRR composite index imagery to study patterns of vegetation cover in boreal forests. International Journal of Remote Sensing, 1997, 18: 2426-2430.

[89] Kasischke E S, Hewson J H, Stock B, et al. The use of ASTR active fire counts for estimating relative patterns of biomass burning-A study from the boreal forest region. Geophysical Research Letters, 2003, 30(18): 1969.

[90] Kasischke E S, Turetsky M R. Recent changes in the fire regime across the North American boreal region—Spatial and temporal patterns of burning across Canada and Alaska. Geophysical Research Letters, 2006, 33: 1-5.

[91] Kasischke E S. Boreal ecosystems in the global carbon cycle. In: Fire, Climate Change and Carbon Cycling in the Boreal Forest. Ecological Studies Series (eds Kasischke E S, Stocks B J), PP. 19-30. Springer-Verlag, New York, NY, USA.

[92] Kazanis D, Arianoutsou M. Long-term post-fire vegetation dynamics in Pinus halepensis forests of cectral Greece: a functional-group approach. Plant Ecology, 2004, 171: 101-121.

[93] Kobak K I, Turchinovich I Y, Kondrasheva N Y, et al. Vulnerability and adaptation of the larch forest in eastern Siberia to climate change. Water, Air and Soil Pollution, 1996, 92: 119-127.

[94] Kozlowski T. Physiological ecology of natural regeneration of harvested and disturbed forest stands: implications for forest management. Forest ecology and management, 2002: 195-221.

[95] Kucera J, Yasuoka Y, Dye D G. Creating a forest fire database for the Far

East Asia using NOAA/AVHRR observation. International Journal of Remote Sensing, 2005, 26, 2423-2439.

[96] Lhermitte S, Verbesselt J, Verstraeten W, et al. A pixel based regeneration index using time series similarity and spatial context. Photogrammetric Engineering and Remote Sensing, 2010, 76: 673-682.

[97] Lhermitte S, Verbesselt J, Verstraeten WW, et al. Assessing intra-annual vegetation regrowth after fire using the pixel based regeneration index. ISPRS Journal of Photogrammetry and Remote Sensing, 2011, 66: 17-27.

[98] Liu J Y, Zhuang D F, Luo D, et al. Land cover calssification of China: integrated analysis of AVHRR imagery and geophysical data. International Journal of Remote Sensing, 2003, 24(12): 2485-2500.

[99] Lloyd D. A phonological classification of terrestrial vegetation cover using shortwave vegetation index imagery. International Journal of Remote Sensing, 1990, 11(12): 2269-2279.

[100] Loboda T, O'Neal K J, Csiszar I. Regionally adaptable dNBR-based algorithm for burned area mapping from MODIS data. Remote Sensing of Envrionment, 2007, 109: 429-442.

[101] LosS O, Collatz G J, Bounoua L, et al. Global interannual variations in sea surface temperature and land surface vegetation, air temperature, and precipitation. J. Climate, 2001, 14: 1535-1549.

[102] Louis G, Tatiana L, David P, et al. An active-fire based burned area mapping algorithm for the MODIS sensor. Remote Sensing of Environment, 2009, 113: 408-420.

[103] Loveland T R, Beed B C, Brown J F, et al. Development of a global land cover characteristics database and IGBP DISCover from 1 km AVHRR data. International Journal of Remote Sensing, 2000, 21(6&7): 1303-1330.

[104] Madsen K, Nielsen H B, Tigleff O. Methods for non-linear least squares problems. Informatics and Mathematical Modeling (IMM), Technical University of Denmark, 2004.

[105] Marchetti M, Ricotta C, Volpe F. A qualitative approach to the mapping of post-fire regrowth in Mediterranean vegetation with Landsat TM data. International Journal of Remote Sensing, 1995, 16: 2487-2494.

[106] Maria C G, France G, Heiko B, et al. Analysing forest recovery after wildfire disturbance in boreal Siberia using remotely sensed vegetation indices.

Global Change Biology, 2009, 15: 561-577.

[107] Markon C J, Fleming M D, Binnian E F. Characteristics of vegetation phenology over the Alaskan landscape using AVHRR time-series data. Polar Recognition, 1995, 31(177): 179-190.

[108] Martin M P, Chuvieco E. Mapping and evaluation of burned land from multi-temporal analysis of AVHRR NDVI images. EARSeL Advances in Remote Sensing, 1995, 4(3): 7-13.

[109] Martinez B, Gilabert M A. Vegetation dynamics from NDVI time series analysis using the wavelet transform. Remote Sensing of Environment, 2009, 113: 1823-1842.

[110] Maxim D, Peter P, Anna L,et al. Reconstructing long time series of burned areas in arid grasslands of southern Russia by satellite remote sensing. Remote Sensing of Environment, 2010, 114:1638-1648.

[111] McMichael C, Hope A, Roberts D, et al. Post-fire recovery of leaf area index in California chaparral: a remote sensing-chronosequence approach. International Journal of Remote Sensing, 2004, 25:4743-4760.

[112] Melillo J M, McGuire A D, Kicklighter D W, et al. Global climate change and terrestrial net primary production. Nature, 1993, 363: 234-240.

[113] Menzel A. Trends in phonological phases in Europe between 1951 and 1966. International Journal of Biometeorol, 2000, 44: 76-81.

[114] Mitchell M,Yuan F. Assessing forest fire and vegetation recovery in the Blacd Hills, South Dakota. GIScience and Remote Sensing, 2010, 47: 276-299.

[115] Mitri G,Gitas I Z. Mapping postfire vegetation recovery using EO-1 Hyperion imagery. IEEE Transactions on Geoscience and Remote Sensing, 2010, 48: 1613-1618.

[116] Mitri G,Gitas I Z. Mapping the severity of fire using object-based classification of IKONOS imagery. International Journal of Wildland Fire, 2010, 17: 431-442.

[117] Monaghati S, Samadzadegan F, Azizi A. An agent-based approach for regional forest fire detection using MODIS data. Journal of Applied Sciences, 2009, 9(20):3672-3681.

[118] Moulin S, Kergoat L, Viovy N, et al. Global-scale assessment of vegetation phenology using NOAA/AVHRR satellite measurements. Journal of Climaet, 1997, 10(6): 1154-1170.

[119] Ne'eman G, Fotheringham C J, Keelky j. Patch to landscape patterns in post fire recruitment of a serotinous conifer. Plant ecology, 1999, 12: 235-242.

[120] Nepstad D, Verssimo A, Alencar A, et al. Large-scale impoverishment of Amazonian forest by logging and fire. Nature, 1999, 398: 505-508.

[121] Noormets A. Phenology of ecosystem processes: applications in global change research. New York, NY: Springer, 2009.

[122] Oliver C, Larson B. Forest Stand Dynamics. Wiley, New York, NY, USA, 1996.

[123] Palandjian D, Gitas I, Wright R. Burned area mapping and post-fire impact assessment in the Kassandra peninsula (Greece) using Landsat TM and Quickbird data. Geocarto International, 2009, 24: 193-205.

[124] Pausas J, Verdu M. Plant persistence traits in the fire-prone ecosystems of the Mediterranean basin: a phylogenetic approach. Oikos, 2005, 109: 196-202.

[125] Pausas J, Carbo E, Caturla R, et al. Post-fire regeneration patterns in the eastern Iberian Peninsula. Acta Oecologica, 1999, 20: 499-508.

[126] Pereira J M C. A comparative evaluation of NOAA/AVHRR vegetation indexes for burned surface detection and mapping. IEEE Transactions on Geoscience and Remote Sensing, 1999, 37: 217-226.

[127] Perez-Cabello F, Echeverria M, Ibarra P, et al. Effects of fire on vegetation, soil and hydrogeomorphological behavior in Mediterranean ecosystems. In: Earth Observation of Wildland fires in Mediterranean ecosystems. Springer, 2009: 111-128.

[128] Peterson S, Stow D. Using multiple image endmember spectral mixture analysis to study chaparral regrowth in Southern California. International Journal of Remote Sensing, 2003, 24: 4481-4504.

[129] Pinol J, Terradas J, Lloret F. Climatic warming hazard, and wildfire occurrence in coastal eastern Spain. Climate Change, 1998, 38: 345-357.

[130] Pinty B, Verstraete M M. GEMI: a non-linear index to monitor global vegetation from satellites. Vegetatio, 1992, 101: 15-20.

[131] Pu R L, Li Z Q, Gong P, et al. Development and analysis of a 12-year daily 1-km forest fire dataset across North America form NOAA/AVHRR data. Remote Sensing of Environment, 2007, 108: 198-208.

[132] Ramsey E, Nelson G, Sapkota D, et al. Using multiple-polarization L-band radar to monitor marsh burn recovery. IEEE Transactions on Geoscience and

Remote Sensing, 1999, 37: 636-639.

[133] Reed B C, Brown J F, et al. Measuring phenological variability from satellite imagery. Journal of Vegetation Science, 1994, 5(5): 703-714.

[134] Rego F. Land use changes and wildfires. In: A. Teller, P. Mathy, J. Jeffers (Eds.) Rwsponse of forest fires to environmental change, Elsevier, London, 1992: 367-373.

[135] Riano D, Chuvieco E, Ustin S,et al. Assessment of vegetation regeneration after fire through multitemporal analysis of AVIRIS images in the Santa Monica Mountains. Remote Sensing of Environment, 2002, 79: 60-71.

[136] Richardson A D, Black T A, Ciais P, et al. Influence of spring and autumn phonological transitions on forest ecosystem productivity. Philosophical Transactions of the Royal Scociety B, 2010, 365: 3227-3246.

[137] Roberts D A, Batista G T, Pereira J L G, et al. Change identification using multitemporal spectral mixture analysis: applications in Eastern Amazonia. Remote Sensing Change Detection: Environment Monitoring Applications and Method. Ann Arbor Press, MI, 2001.

[138] Roberts D, Gardner M, Church R, et al. Mapping chaparral in the Santa Monica mountains using multiple endmember spectral mixture models. Remote Sensing of Environment, 1998, 65: 267-279.

[139] Roder A, Hill J, Duguy B, et al. Using long time series of Landsat data to monitor fire events and post-fire dynamics and identify driving factors. A case study in the Ayora region (eastern Spain). Remote Sensing of Environment, 2008, 112: 259-273.

[140] Roerind G J, Menenti M, Soepboer W, et al. Assessment of climate impact on vegetation dynamics by using remote sensing. Physics and Chemistry of the Earth, 2003, 28: 103-109.

[141] Roerind G J, Menenti M, Verhoef W. Reconstruction cloudfree NDVI composites using Fourier analysis of time series. International Journal of Remote Sensing, 2000, 21(9): 1911-1917.

[142] Rogan J, Franklin J, Roberts D A. A comparison of methods for monitoring multi-temporal vegetation change using Thematic Mapper imagery. Remote Sensing of Environment, 2002, 80: 143-156.

[143] Roy D P, Boschetti L, Justice C O,et al. The collection 5 MODIS burned area product—Global evaluation by comparison with the MODIS active fire

product. Remote Sensing of Environment, 2008, 112: 3690-3707.

[144] Roy D P, Jin Y, Lewis P E, et al. Prototyping a golbal alforithm for system-atic fire-affected area mapping using MODIS time series data. Remote Sens-ing of Environment, 2005, 97: 137-162.

[145] Roy D P, Lewis P E, Justice C O. Burned area mapping using multi-tempo-ral moderate spatial resolution data—A bi-directional reflectance model-based expectation approach. Remote Sensing of Environment, 2002, 83: 263-286.

[146] Sankey T, Moffet C, Weber K. Postfire recovery of sagebrush communities: assessment using SPOT-5 and very large-scale aerial imagery. Rangeland E-cology and Management, 2008, 61: 598-604.

[147] Savage M. Structural dynamics of a southwestern pine forest under Chronic human influence. Annals of the Association of American Geographers, 1991, 81(1):271-289.

[148] Schwartz M D, Reed B C, White M A. Assessing satellite derived start-of-season measures in the conterminous USA. International Journal of Climatolo-gy, 2002, 22(14): 1793-1805.

[149] Schwartz M D. Green-wave phenology. Nature, 1998, 394: 839-840.

[150] Segah H, Tani H, Hirano T. Detection of fire impact and vegetation recovery over tropical peat swamp forest by satellite data and ground-based NDVI in-strument. International Journal of Remote Sensing, 2010, 31: 5297-5314.

[151] Sergio M, Fernando P C, Teodoro L. Assessment of radiometric correction techniques in anslyzing vegetation variability and change using time series of Landsat images. Remote Sensing of Environment, 2008, 112: 3916-3934.

[152] Sirikul N. Comparisons of MODIS vegetation index products with biophysical and flux tower measurements. PhD Dissertation, the University of Arizona, 2006.

[153] Somers B, Verbesselt J, Ampe E, et al. Spectral mixture analysis to monitor defoliation in mixed-age Eucalyptus globulus Labill plantations in southern Australia using Landsat 5-TM and EO-A Hyperion data. International Journal of Applied Earth Observation and Geoinformation, 2010, 12: 270-277.

[154] Steyaert L, Hall F, Loveland T. Land cover mapping, fire regeneration, and scaling studies in the Canadian boreal forest with 1 km AVHRR and Landsat TM data. International Journal of Geophysical Research, 1997, 102: 29581-29598.

[155] Stueve K, Cerney D, Rochefort R, et al. Post-fire tree establishment patterns at the alpine treeline ecotone: Mount Rainier National Park, Washington, USA. Journal of Vegetation Science, 2009, 20: 107-120.

[156] Sukhinin A I, French N H F, Kasischke E S, et al. AVHRR-based mapping of fires in Russia: new products for fire management and carbon cycle studies. Remote Sensing of Environment, 2004, 93: 546-564.

[157] Tarrega R, Luis-Calabuig E, Valbuena L. Eleven years of recovery dynamic after experimental burning and cutting in two Cistus communities. Acta Oecologica, 2001, 22: 277-283.

[158] Thonicke K, Venevsky S, Sitch S, et al. The role of fire disturbance for global vegetation dynamics: coupling fire into a Dynamic Global Vegetation Model. Global Ecology and Biogeography, 2001, 10: 661-677.

[159] Tian H, Melillo J M, Kicklighter D W, et al. Parameters for global ecosystem models. Nature, 1999a, 399: 536.

[160] Tsitsoni T. Conditions determining natural regeneration after wildfires in the Pinus halepensis (Miller, 1768) forests of Kassandra Peninsula (North Greece). Forest Ecology and Management, 1997, 92: 199-208.

[161] Tucker C. Red and photographic infrared linear combinations for monitoring vegetation. Remote Sensing of Environment, 1979, 8: 127-150.

[162] Vafeidis N A, Drake N A, Wainwrighe J. A proposed methon for modelling the hydrologic response fo cathments to burning with the use of remote sensing and GIS. Catena, 2007, 70(3): 396-409.

[163] Van der Werf G R, Randerson J T, Collatz G J, et al. Continental-scale partitioning of fire emissions during the 1997 to 2001 El Nino/La Nina period. Science, 2004, 303: 73-76.

[164] Van Leeuwen Wx. Monitoring the effects of forest restoration treatments on post-fire vegetation recovery with MODIS multitemporal data. Sensors, 2004, 8: 2017-2042.

[165] Van Leeuwen W, Casady G, Neary D, et al. Monitoring post-wildfire vegetation response with remotely sensed time series data in Spain, USA and Israel. International Journal of Wildland Fire, 2010, 19: 75-93.

[166] Vander Werf G R, Randerson J T, Giglio L, et al. Interannual variability in global biomass burning emission from 1997 to 2004. Atmospheric Chemistry and Physics, 2006, 6: 3423-3441.

[167] Veraverbeke S, Gitas I, Katagis T, et al. Assessing post-fire vegetation recovery using red-near infrared vegetation indices: accounting for background and vegetation variability. ISPRS Journal of Photogrammetry and Remote Sensing, 2012b, 28-39.

[168] Veraverbeke S, Lhermitte S, Verstraeten W W, et al. The temporal dimension of differenced Normalized Burn Ratio (dNBR) fire/burn severity studies: the case of the large 2007 Peloponnese wildfires in Greece. Remote Sensing of Environment, 2010b, 114: 2548-2563.

[169] Veraverbeke S, Lhermitte S, Verstraeten WW, et al. A time integrated MODIS burn severity assessment using the multi-temporal differenced Normalized Burn Ratio (dNBRMT). International Journal of Applied Earth Observation and Geoinformation, 2011a, 13: 52-58.

[170] Veraverbeke S, Somers B, Gitas I, et al. Spectral mixture analysis to assess post-fire vegetation regeneration using Landsat Thematic mapper imagery: accounting for soil brightness variation. International Journal of Applied Earth Observation and Geoinformation, 2012a, 14: 1-11.

[171] Vila G, Barbosa P. Post-fire vegetation regrowth detection in the Deiva Marina region (Liguria-Italy) using Landsat TM and ETM+ data. Ecological Modelling, 2010, 221: 75-84.

[172] Wang C Y, Zha X D Z, Chen T. Application of EOS/MODIS data on the forest fire in Tibet. Plateau and Mountain Meteorology Research, 2010, 30 (3): 65-69. (In Chinese)

[173] Wardlow B D, Egbert S L. Large-area crop mapping using time-series MODIS 250m NDVI data: an assessment for the U. S. Central Great Plains. Remote Sensing of Environment, 2008, 112: 1096-1116.

[174] White J, Ryan K, Key C, et al. Remote sensing of forest fire severity and data for regional ecological analysis. International Journal of Applied Earth Observation and Geoinformation, 1996, 4: 161-173.

[175] White L L, Zak D R, Barnes B V. Biomass accumulation and soil nitrogen availability in an 87-year-old Populus grandidentata chronosequence. Forest Ecology and Management, 2004, 191: 121-127.

[176] Wicks T, Smith G, Curran P. Polygon-based aggregation of remotely sensed data for regional ecological analysis. International Journal of Applied Earth Observation and Geoinformation, 2002, 4: 161-173.

[177] Wright A, Bailey W. Fire Ecology. New York: John Wiley & Sons, 1982.

[178] Wsieman P E, Seiler J R. Soil CO_2 efflux across four age classes of plantation loblolly pine (Pinus taeda L.) on the Virginia Piedmont. Forest ecology management, 2004, 192: 297-311.

[179] Xin J F, Yu Z R, Leeuwen L V, et al. Mapping crop key phenological stages in the North China Plain using NOAA time series images. International Journal of Applied Earth Observation and Geoinformation, 2002, 4(2): 109-117.

[180] Zhang X Y, Friedl M A, Schaaf C B, et al. Monitoring vegetation phenology using MODIS. Remote Sensing of Environment, 2003, 84(3): 471-475.

[181] Zhang X Y, Shobha K, Brad Q. Estimation of biomass burned areas using multiple-satellite-observed active fires. IEEE Transactions on Geoscience and Remote Sensing, 2011, 49(11): 4469-4482.

[182] 陈效述, 王林海. 遥感物候学研究进展[J]. 地理科学进展, 2009, 28(1): 33-40.

[183] 单建平. 火灾后兴安落叶松长短枝变化及其对生存的影响[J]. 应用生态学报, 1996, 7: 6-10.

[184] 邓湘雯, 孙刚, 文定元. 林火对森林演替动态的影响及其应用[J]. 中南林学院学报, 2004, 24(1): 0051-0055.

[185] 顾顺林. 定量遥感[M]. 北京: 科学出版社, 2009.

[186] 关克志, 张大军. 大兴安岭森林火灾对植被的影响分析[J]. 环境科学, 1990, 11(5): 82-89.

[187] 郭晋平. 森林景观生态研究[M]. 北京: 北京大学出版社, 2001.

[188] 孔繁华, 李秀珍, 王绪高, 等. 林火迹地森林恢复研究进展[J]. 生态学杂志, 2003, 22(2): 60-64.

[189] 李登科, 范建忠, 王娟. 基于 MOD17A3 的陕西省植被 NPP 变化特征[J]. 生态学杂志, 2011, 30(12): 2776-2782.

[190] 李红军, 郑力, 雷玉平, 等. 基于 EOS/MODIS 数据的 NDVI 与 EVI 比较研究[J]. 地理科学进展, 2007, 26(1): 26-32.

[191] 李为海, 崔克城, 刘萍. 火烧迹地次生林天然更新株数模型的建立[J]. 内蒙古林业勘察设计, 2000, 2: 28-30.

[192] 刘恩海, 昝德萍, 刘兴刚, 等. 樟子松开花结实规律研究——樟子松球果变异与种子预测方法的关系[J]. 林业科技, 1995, 2(2): 19-24.

[193] 龙慧灵, 李晓兵, 王宏, 等. 内蒙古草原区植被净初级生产力及其与气

候的关系[J]. 生态学报, 2010, 30(5): 1367-1378.

[194] 卢振兰, 刘常梅, 韩国辉. 火生态学研究方法综述[J]. 吉林林业科技, 2001, 30(6): 4-7.

[195] 吕爱锋, 田汉勤, 刘永强. 火干扰与生态系统碳循环[J]. 生态学报, 2005, 25(10): 2734-2743.

[196] 罗菊春. 大兴安岭森林火灾对森林生态系统的影响[J]. 北京林业大学学报, 2002, 24(5/6): 101.

[197] 马克明, 祖元刚. 植被格局的分形特征[J]. 植物生态学报, 2000, 24(1): 111-117.

[198] 朴世龙, 方精云, 郭庆华. 利用 CASA 模型估算我国植被净第一性生产力[J]. 植物生态学报, 2001, 25(5): 603-608.

[199] 邱扬. 森林植被的自然火干扰[J]. 生态学杂志, 1998, 17(1):54-60.

[200] 邱扬, 李湛东, 徐化成. 兴安落叶松种群的稳定性与火干扰关系的研究[J]. 植物研究, 1997, 17(4): 441-446.

[201] 邵国凡, 赵士洞, 赵光. 应用地理信息系统模拟森林景观动态的研究[J]. 应用生态学报, 1991, 2(2): 103-107.

[202] 舒立福. 大兴安岭林火生态及火烧迹地天然更新的研究[D]. 哈尔滨: 东北林业大学博士论文, 1993.

[203] 宋小宁, 赵英时. MODIS 图像的云检测及分析[J]. 中国图像图形学报, 2003, 8(9): 1079-1083.

[204] 王建国, 樊军, 王全九, 等. 黄土高原水蚀风蚀交错区植被地上生物量及其影响因素[J]. 应用生态学报, 2011, 22(3): 556-564.

[205] 王明玉, 任云卯, 李涛, 等. 火烧迹地更新与恢复研究进展[J]. 世界林业研究, 2008, 21(6):49-54.

[206] 王莺, 夏文韬, 梁天刚, 等. 基于 MODIS 植被指数的甘南草地净初级生产力时空变化研究[J]. 草业科学, 2010a, 19(1): 201-210.

[207] 王正兴, 刘闯, Huete A. 植被指数研究进展:从 AVHRR-NDVI 到 MODIS-EVI[J]. 生态学报, 2003, 5(23): 579-586.

[208] 王正兴, 刘闯, 陈文波, 等. MODIS 增强型植被指数 EVI 与 NDVI 初步比较[J]. 武汉大学学报, 2006, 5(31): 407-410.

[209] 文定元. 森林防火基础知识[M]. 北京: 中国林业出版社, 1995.

[210] 武永峰, 李茂松, 宋吉青. 植物物候遥感监测研究进展[J]. 气象与环境学报, 2008, 24(3): 51-58.

[211] 刑伟, 葛之葳, 李俊清. 大兴安岭北部林区林火干扰强度对兴安落叶松

群落影响研究[J]. 科学技术与工程, 2006, 6(14): 2042-2046.

[212] 徐化成. 景观生态学[M]. 北京:中国林业出版社, 1996.

[213] 徐化成, 李湛东, 邱杨. 大兴安岭北部地区原始林火干扰历史的研究
[J]. 生态学报, 1997, 17(4): 337-346.

[214] 杨春田, 李宝印. 大兴安岭北坡火烧迹地更新的策略与技术[J]. 林业
科技, 1989, (6): 23-24.

[215] 杨树春, 刘新田, 曹海波,等. 大兴安岭林区火烧迹地植被变化研究[J]
. 东北林业大学学报, 1998, 26(1): 19-23.

[216] 于信芳, 庄大方. 基于 MODIS NDVI 数据的东北森林物候期监测[J].
资源科学, 2006, 28(4): 111-117.

[217] 俞孔坚. 景观:文化、生态与感知[M]. 北京:科学技术出版社, 2000.

[218] 张继义, 赵哈林, 张铜会,等. 科尔沁沙地植被恢复系列上群落演替与
物种多样性的动态恢复[J]. 植物生态学报, 2004, 28(1): 2-11.

[219] 张杰, 潘晓玲, 高志强,等. 干旱生态系统净初级生产力估算及变化探
测[J]. 地理学报, 2006, 61(1): 15-25.

[220] 张宪洲. 我国自然植被净第一性生产力的估算与分布[J]. 自然资源,
1993(1): 15-21.

[221] 张学霞, 葛全胜, 郑景云. 遥感技术在植物物候研究中的应用综述[J].
地球科学进展, 2003, 18(4): 534-544.

[222] 赵伟, 李召良. 利用 MODIS/EVI 时间序列数据分析干旱对植被的影响
[J]. 地理科学进展, 2007, 6(26): 40-47.

[223] 郑焕能, 邸雪颖,等. 中国森林火灾与对策[J]. 自然灾害学报, 1994, 3
(3): 37-40.

[224] 郑焕能, 胡海清. 森林燃烧环[J]. 东北林业大学学报, 1987, 15(5): 1-5.

[225] 郑焕能, 胡海清, 姚树人. 林火生态[M]. 哈尔滨:东北林业大学出版
社, 1992.

[226] 郑焕能,贾松青, 胡海清. 大兴安岭林区的林火与森林恢复[J]. 东北林
业大学学报, 1986, 14(4): 1-7.

[227] 中国科学院地理研究所. 中国动植物物候观测年报(第 1 号)[M]. 北
京:科学出版社,1965.

[228] 钟章成. 我国植物种群生态研究的成就与展望[J]. 生态学杂志, 1992,
11(1): 4-8.

[229] 周道玮. 草地火生态学研究进展[M]. 长春:吉林科学技术出版社, 1995.

[230] 周广胜, 郑元润, 陈四清,等. 自然植被净第一性生产力模型及其应用

[J]. 林业科学, 1998, 34(5): 2-11.

[231] 周晓峰, 张远东, 孙慧珍, 等. 气候变化对大兴安岭北部蒙古栎种群动态的影响[J]. 生态学报, 2002, 22(7): 980-985.

[232] 周以良, 乌弘奇, 陈涛, 等. 按植物群落生态学特性加速恢复大兴安岭火烧迹地的森林[J]. 东北林业大学学报, 1989, 17(2): 1-10.

[233] 竺可桢, 宛敏渭. 物候学[M]. 长沙:湖南教育出版社, 1999.

[234] 左丽君, 张增祥, 董婷婷, 等. MODIS/NDVI 和 MODIS/EVI 在耕地信息提取中的应用及对比分析[J]. 农业工程学报, 2008, 24(3): 167-172.